Skincare Decoded: The Practical Guide to Beautiful Skin

护肤的秘密

写给大家的科学护肤指南

〔美〕吕恒欣　〔美〕傅欣慧　著

孙慧敏　李冰奇　译

北京科学技术出版社

著作权登记号　图字：01-2022-0915

图书在版编目（CIP）数据

护肤的秘密：写给大家的科学护肤指南 /（美）吕恒欣，（美）傅欣慧著；孙慧敏，李冰奇译. — 北京：北京科学技术出版社，2022.8（2024.12 重印）

书名原文：Skincare Decoded: The Practical Guide to Beautiful Skin

ISBN 978-7-5714-2294-3

Ⅰ. ①护… Ⅱ. ①吕… ②傅… ③孙… ④李… Ⅲ. ①皮肤－护理－指南 Ⅳ. ① TS974.11-62

中国版本图书馆 CIP 数据核字（2022）第 075012 号

策划编辑：陈　伟
责任编辑：陈　伟
责任校对：贾　荣
责任印制：李　茗
图文制作：芒　果
出 版 人：曾庆宇
出版发行：北京科学技术出版社
社　　址：北京西直门南大街 16 号
邮政编码：100035
电　　话：0086-10-66135495（总编室）
　　　　　0086-10-66113227（发行部）
网　　址：www.bkydw.cn
印　　刷：北京宝隆世纪印刷有限公司
开　　本：880 mm×1230 mm　1/32
字　　数：192 千字
印　　张：7.5
版　　次：2022 年 8 月第 1 版
印　　次：2024 年 12 月第 3 次印刷
ISBN 978-7-5714-2294-3

定　　价：79.00 元

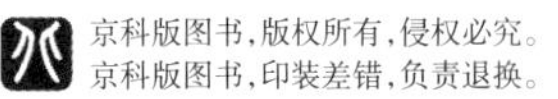

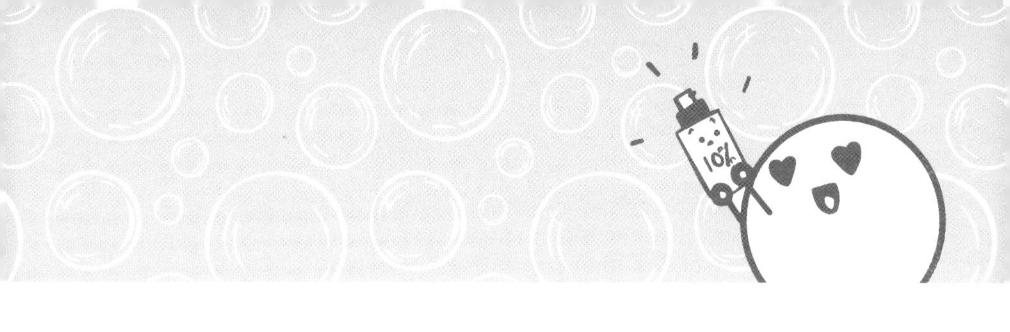

渴望弄清自己护肤程序却迷失方向的可怜人啊——

读读这本书吧，不论你喜欢怎样读，

从前往后看或从后往前看，哪怕一次只看其中一部分也行。

我们希望它可以帮助你厘清一些护肤世界的真相。

祝你开心！

中文版序

亲爱的中国读者朋友们：

你们好！当韦尔登·欧文出版社（Weldon Owen）向我们提议出版《护肤的秘密》（*Skincare Decoded*）时，我们感到受宠若惊。我们从未想过会以化学家的身份出版一本书，更不用说一本将会被翻译成包括中文在内的多种语言的书！我们虽然在美国长大，但都出生于华裔家庭，和中国有着不解之缘，吕恒欣（Gloria Lu）从小在中文环境中长大，傅欣慧（Victoria Fu）小时候甚至还读过《三国演义》等中国经典名著（是的，同一个世界，同样的父母）。

我们分别在康奈尔大学和加州大学读了化学工程专业，并在毕业后相识于美国欧莱雅（L'Oréal）的研发部门，我们的命运自此便交织在了一起。我们在工作中飞速成长，但也渐渐感到了一些遗憾：受限于这个行业普遍存在的营销导向，最有价值的研发创新时常让位于流行趋势。于是我们默契地萌生了一个想法：给大众分享有趣的护肤科普知识。于是我们在 Instagram 上开设了一个护肤科普账号——“化学家的告白”（Chemist Confessions）。幸运的是，我们的科普事业开始于一个正确的时间点，得到了热爱护肤的消费者的欢迎，在他们的鼓励下我们推出了自己的品牌，我们也有幸与很多配方师、化学家和皮肤科医生合作，共同为更多的朋友介绍全球科学护肤的最新知识和技术。

“化学家的告白”上线后不久，我们在洛杉矶的一个独立美妆品牌展上神奇地偶遇了一家来自中国的专业投资机构——磐缔创投（后来他们告诉我们，其实并不是偶遇，他们在社交媒体上发现了我们做的护肤科普内容，非常喜欢，于是专程飞到了洛杉矶参加这个活动）。2019 年年初，他们邀请我们去上海，以便对中国的护肤行业有更多的了解，那真是一次令人大开眼界的经历。

在磐缔创投的协助下，我们得以在中国参加了行业论坛等活动，了解了中国的美妆行业以及东、西方国家在护肤理念上的许多差异。例如，我们虽然喜欢做研究，但在日常生活中属于懒人，都喜欢极简、有效的护肤技术和流程，所以当我们自己创立品牌时也尽量精简产品线，让大家可

以很容易找到适合自己的产品。在中国，我们则看到了护肤爱好者们为了护肤极尽努力的可爱一面。我们经常会在淘宝上逛几个小时，去体验中国消费者在几千种护肤产品中做选择，这真的很有趣，也更加坚定了我们要做好科普，帮大家解读琳琅满目、杂乱无章的护肤品世界的信心！

我们从这次中国之旅中学到的最重要的一点是，中国的护肤理念催生出了“成分党”“功效党”“专业 KOL（关键意见领袖）”，人们关注的不仅有护肤活性成分，还有成分的浓度和配方搭配使用指南，这让我们兴奋不已！

需要说明的是，本书是我们根据美国的护肤市场规则和法规编写的。所以在本书的中文版中，我们有针对性地插入了一些对中国市场更有意义的注释和修订。本书可以帮你了解国外的护肤市场，尽管国内外的护肤市场之间存在一定差异，但护肤的科学规则是相同的。真心希望你可以在本书中找到自己需要的有用信息。如果你对专业的护肤知识一无所知，我们希望本书能成为你的生动有趣的入门读物，能激发你发现护肤科学的乐趣；如果你是一个护肤老手，我们希望本书可以作为你护肤进阶过程中的“导航”。

很遗憾，我们还没有机会再次来到中国。衷心希望你们安全、健康。我们期待能早日去中国，体验新的中国护肤品，吃到更多美味的中国菜肴。

你们的社群友好型化学家

吕恒欣，傅欣慧

2022 年 4 月

我们的联系方式：

Instagram: Chemist Confessions

小红书：Chemist Confessions

Email: thebook@chemistconfessions.com

“化学家的告白”
——两个失意室友的意外创造

我们俩是在欧莱雅公司相识的，我们在那里的工作是研制护肤品配方。我们很快就成了朋友，因为我们有着同样（糟糕）的幽默感和对这个行业的不满。回想起来，我们整个疯狂的创业之旅可能始于我们在工作的小隔间里一次小小的发泄。

我们都觉得美妆行业充斥着无用的废话，消费者在过分饱和、过度包装的产品面前无所适从。此外，化学家（你知道……就是把一堆成分配方调制成产品的人）的声音也在行业内完全消失了。最终，我们放弃了舒适的工作，我们确信自己可能会完全离开美妆行业，迈向更大、更好的事业。2017 年年末，我们在 Instagram 上创建了名为“化学家的告白”（Chemist Confessions）的账号，算是对这个行业的最后一次欢呼吧。我们想分享自己作为业内人的一些知识，希望这些知识能让一些人在寻找自己的下一款护肤品时更容易一点。老实说，我们以为这个账号会“死”在深渊里。

当这个账号历经重重困难开始受到一定关注时，我们做出了一个快速的、可能很鲁莽的决定——创业。如今，我们同时在品牌、博客、视频教学、播客之间折腾，这一切都源于我们坚信皮肤科学本应该有趣、易懂和实用的信念。

人们总说创业生活充满了惊喜，但写这本书是我们从未想过会发生的事情。我们曾开玩笑地说，我们很同情那个可怜的未来实习生，因为他最终不得不去归纳和整理我们在视频教学和博客里收藏的令人匪夷所思的内容。开玩笑啦！这本书诞生于我们许多个夜晚的奋战：我们重读了所有以前发表的博客文章，并研究它们，为自己不断变化的写作风格感到羞愧；然后重写，绘制新的草图，展开头脑风暴，希望能以更好的方式展示复杂的皮肤科学概念，不过更多的是质疑我们做的生活选择。对了，还有酒，很多的酒。对不起，爸爸妈妈！

所以，不管你是陪伴“化学家的告白”成长的伙伴，还是仅通过这本书发现了我们，我们都希望这本书能够为你今后的护肤过程带来一些帮助和笑料。如果你有任何问题，欢迎随时写信给我们！

你们的社群友好型化学家

吕恒欣，傅欣慧

目 录

第一部分　基础护肤

003　护肤基础第一课

021　洁面

037　保湿

061　防晒

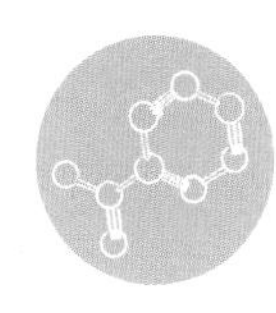

第二部分　功效护肤

089　超越基础护肤

097　化学去角质成分

111　类维生素A

127　维生素C

141　烟酰胺

153　其他活性成分

第三部分　护肤程序

168　护肤程序第一课

176　痤疮

184　色素沉着

194　抗衰老

202　购物指南

217　术语解释

220　参考资料

222　护肤品常见成分中英文对照表

227　图片版权声明

227　致谢

第一部分 基础护肤

003 护肤基础第一课
021 洁面
037 保湿
061 防晒

护肤基础第一课

不可否认——护肤品产业实在是混乱不堪！爽肤水、精华液、精华霜、安瓿精华、乳霜、凝露、乳液、面膜——这些词究竟是什么意思？！人们甚至不知道怎么买到自己真正需要的东西！不过在一头扎进产品之前，我们不妨先了解护肤的基础知识。清楚了皮肤的机理、不同的皮肤类型及护肤品概览之后，你至少可以更从容地面对和选择这些五花八门的产品。欢迎来到护肤基础第一课！

皮肤生物学基础

没错！通常来说，有关护肤的书总是用一幅展现你皮肤构造的插图开头。这里也有一幅，不同之处在于我们只着重强调了一部分结构，也就是那些你总能在重要的护肤科学资料和常见的广告中见到的部分。要是你看到了一个新上市的产品却不太清楚它适用于哪个皮肤部位，可以尽情参考这里。

表皮：这是皮肤的最外层，由角质形成细胞构成。角质形成细胞的形状有些奇怪——扁圆形，它会一直持续产生，并移动到最外层。

真皮：这是第 2 个主要的皮肤层。真皮层是一个能把一切“撑住”的结构。

你的皮肤就像洋葱，
一层又一层。

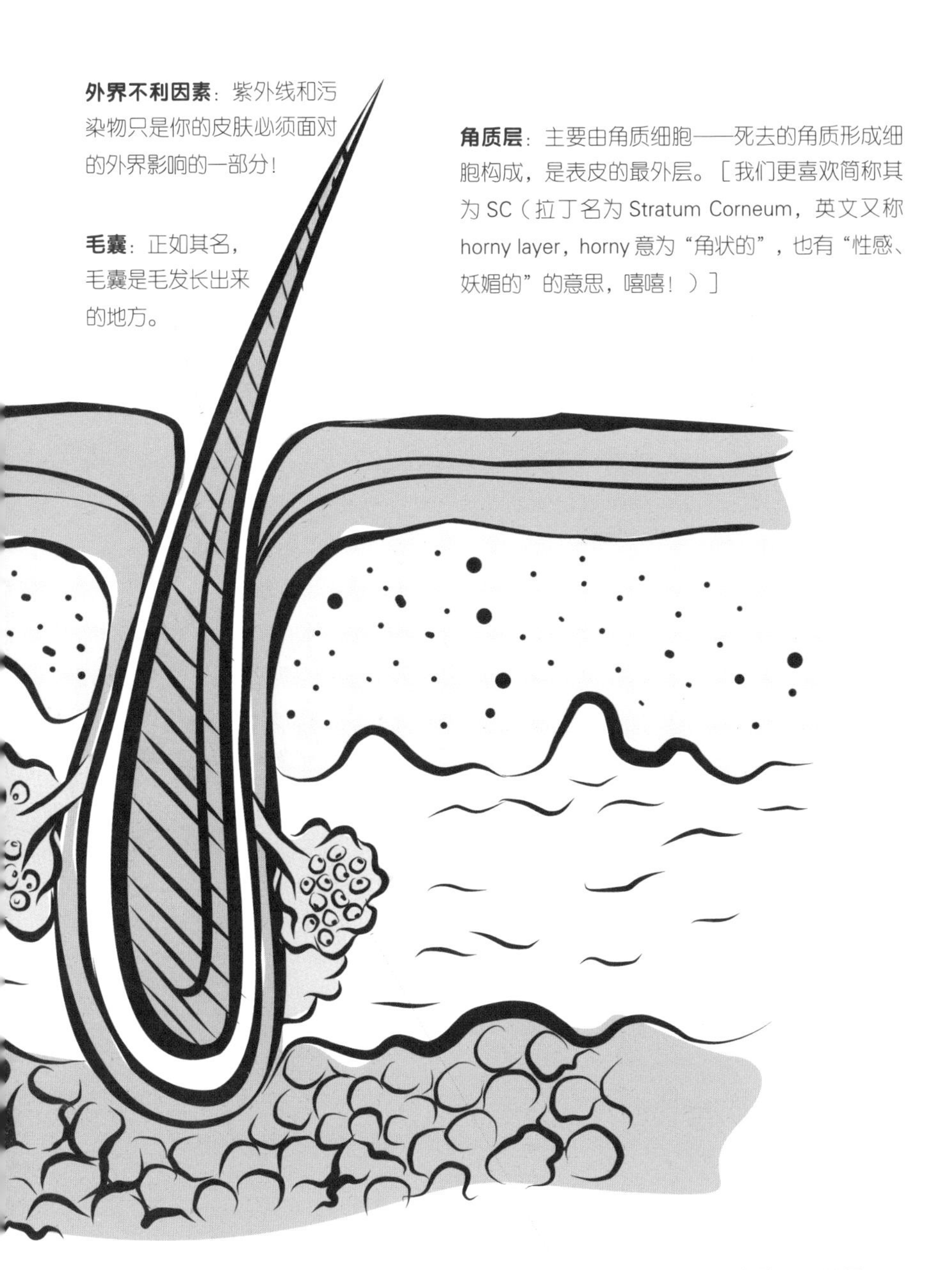

皮脂腺：分泌油脂的腺体，可以保护皮肤少受外界不利因素的影响，避免过于干燥，让皮肤更柔韧。

仔细看看：表皮

大多数护肤品都是在表皮层起效，所以，了解了皮肤的基本知识后，我们再仔细看一下表皮吧。

脂质屏障：总的来说，脂质屏障负责阻挡住“坏家伙”（污染物、致病微生物），同时放进来“好人”（水）。这就是你听到的所有护肤评论里都会提及屏障功能（阻止水分从皮肤中散失而导致皮肤干燥）的原因。用更专业的话来说，脂质屏障的完整性对皮肤健康至关重要，它也是皮肤表面疏水的缘由。脂质屏障主要由神经酰胺、脂肪酸和胆固醇构成。

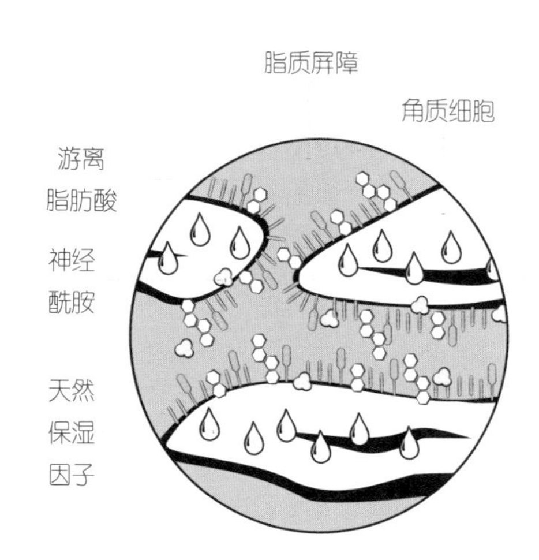

透明质酸：这种很流行的护肤成分实际上就存在于你的皮肤中，在表皮和真皮中都有。透明质酸可以支撑皮肤结构，也可以“抓住”水分（保水）。

酸性保护层和微生物群：角质层是偏酸性的，这使它成了一个强大的防御体系。告诉你一个有趣的事实：皮肤的 pH 值影响着那些在皮肤表面生存的微生物！有些理论认为，这就是皮肤 pH 值升高会导致皮肤不适甚至产生痤疮的原因。

天然保湿因子（NMFs）：虽然角质层的大部分成分是脂质，但为了维持正常功能，角质层还是需要保持一定的水分 。来看看天然保湿因子吧。尿素、乳酸、吡咯烷酮羧酸钠（PCA 钠）之类的物质，是皮肤自然生成的保水成分。

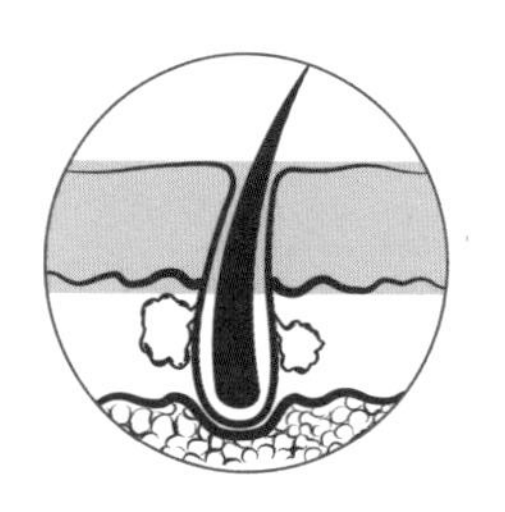

表皮在这里

黑色素细胞：负责生产皮肤中的色素。它们会产生黑素小体（里面装满色素的小囊泡），这是皮肤被晒伤后所产生的保护性防御反应。有时，严重的日晒和外界压力会引发过度的保护反应，导致产生雀斑和色素沉着。美白淡斑精华针对的就是这些“小家伙”。

角质细胞：角质形成细胞的最终阶段。角质细胞也是一种角质形成细胞。

酸性保护层

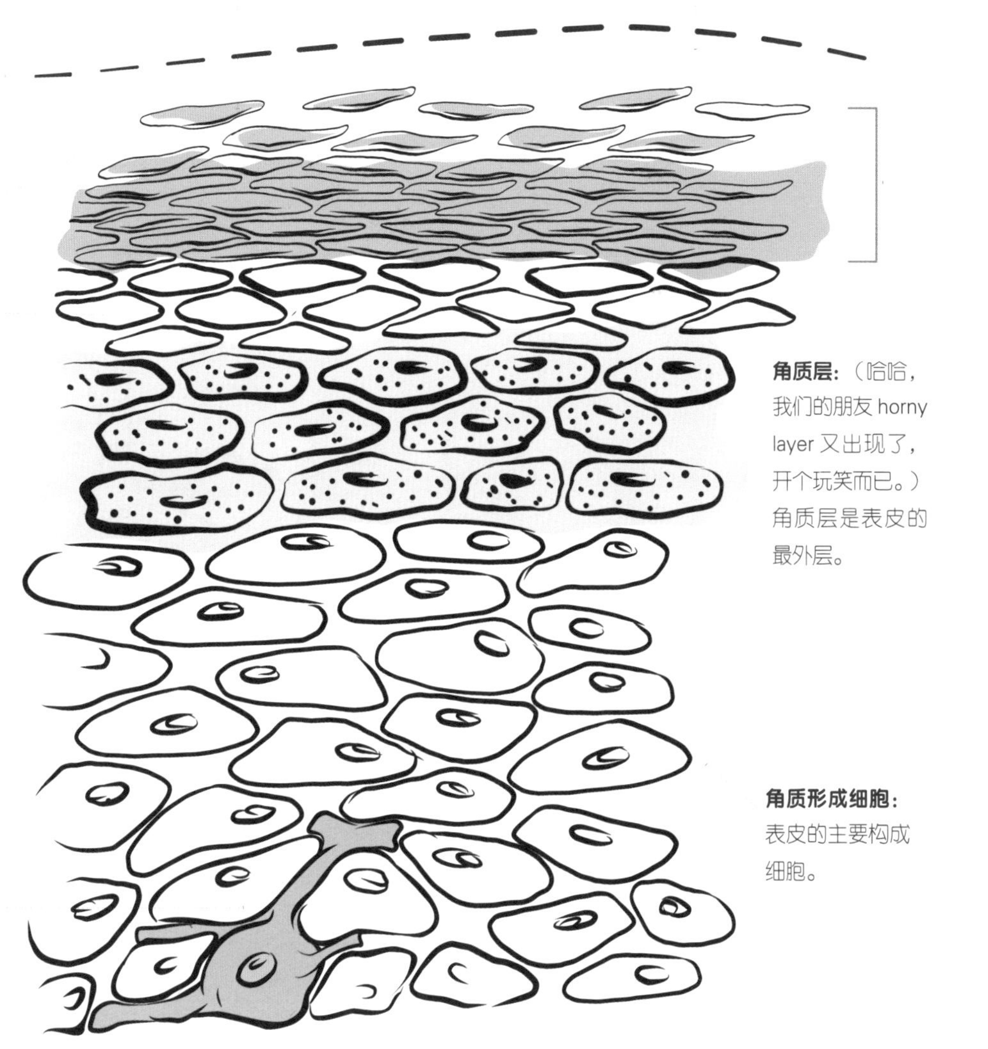

仔细看看：真皮

虽然护肤品那些令人兴奋的功效绝大多数都是在表皮产生的，但真皮也很重要。事实上，所有负责“支撑”的重要结构都位于真皮中，当“支撑”出现问题时，皮肤的状态发生改变，如松弛、下垂，甚至是形成皱纹。告诉你一个有趣的真相：很多抗衰老成分的细胞试验用的都是真皮层的细胞！

成纤维细胞：成纤维细胞既可以成就一切，也可以毁掉一切。可以把它们想象成皮肤的建筑师，它们负责一系列皮肤功能，并可以构建和破坏胶原蛋白，处理炎症，甚至是参与伤口愈合。

胶原蛋白和弹性蛋白：这两类结构蛋白负责把皮肤支撑起来。随着时间流逝，这些支撑逐渐减少，导致细纹和皱纹产生。

真皮在这里

脂肪：谁能忘得了脂肪呢？毕竟它为我们做了这么多事。不过说真的，你的皮肤离不开脂肪层，所以也别太讨厌它。

真皮－表皮连接区：皮肤衰老进程中的重要角色。当这部分的结构老化时，会产生“瀑布效应”（一系列负面结果），真皮和表皮之间的相互作用被限制，最终导致皮肤松弛和产生皱纹。

皮下组织：皮肤最内侧（最深处）的部分，也是最厚的。

皮肤的类型

你的皮肤很可能属于以下 3 种主要类型之一。现实生活中，大多数人的皮肤会呈现各种皮肤类型，因为皮肤状态是不断变化的，影响因素包括生活方式、气候、压力、激素、年龄等。随着这些变化的发生，你需要不断去调整自己的护肤程序，这种事想想可能就令人害怕，但你也可能只需要做一点点微小的改变就能使皮肤状态重回正轨。

首先，一个非常重要的问题是：你的皮肤是什么类型？

干性皮肤

表现为皮肤紧绷、脱屑、粗糙、瘙痒、整体柔韧性欠佳。原因很简单——皮肤中没有足够的水分。用专业的话来讲就是当角质层中脂质屏障不完整时，水分从皮肤中蒸发的速度会比正常情况下更快。这将导致一系列不良反应：死亡角质细胞的脱落变慢，导致皮肤变厚（而且不再是丰盈、充满胶原蛋白的良好状态）、粗糙、不平滑且暗淡。不幸的是，随着年龄增长，皮肤会越来越干燥。但别怕！我们化学家的工作核心就是制造保湿产品，它们针对的正是皮肤干燥问题。姐妹们，我们来救你们了！

特点：皮肤紧绷、干燥、脱屑、触感粗糙，甚至可能发痒。

优点：极少产生痤疮和黑头。如果你想叠用护肤品，完全可以一层又一层地涂。

缺点：皮肤脱屑、不光滑、易产生细纹和皱纹。以下几个因素会使以上问题加剧：所在地的气候、几乎毫无水汽的飞机舱、季节变化和年龄增长！

中性皮肤

拥有中性皮肤实在是太幸运了。皮肤状态刚刚好：不油、不干（既不干得掉皮，也不太油腻），健康，水分充盈，皮肤本身有弹性、亮丽。这是因为你的皮肤角质层中水分的含量是别人梦寐以求的适中状态。幸运儿，继续加油！不过，拥有中性皮肤并不代表你永远不会遇到皮肤问题，毕竟生活在不断向皮肤发起挑战。但你的起点很高！（翻到本书第 194 页，阅读抗衰老的相关建议，让你的皮肤保持令人羡慕的状态。）

油性皮肤

脸上油光锃亮，脑海中总是闪过“我是闪亮的灯泡”的念头。油性皮肤的特点是皮肤油脂（皮脂，由扩大的皮脂腺产生）分泌过多。皮脂腺与毛囊是连通的，这就是为什么痤疮（症状为毛囊发炎）总是找上油性皮肤的人。男性更容易是油性皮肤，因为他们的睾酮水平更高。

虽然你可能觉得过量的皮脂很恶心，但它实际上对皮肤的健康和免疫功能很重要。有了皮脂，皮肤才能产生脂溶性的抗氧化成分，才能形成抵抗有害微生物的屏障。对油性皮肤的另一个误解是，油性皮肤的人不需要用保湿霜。的确，皮脂可以间接地保持角质层水分，但“皮脂产生”和“皮肤保湿”是两个独立的过程。能阻止皮肤水分蒸发的是脂质屏障，但它与皮脂腺（毛囊旁）分泌出来的油脂无关（参考前文的皮肤结构彩图，可以更好地分清皮脂腺和脂质屏障）。所以，皮肤排出更多的油脂并不会对角质层把水分保持在皮肤里的能力有多大影响 。长话短说，油性皮肤也要注意保水。

特点：皮脂过多，容易长痘、黑头，毛孔粗大，下午时皮肤会变得油光发亮，让人特别想一遍遍地洗脸。

优点：油性皮肤通常水分较为充足，因而不易产生细纹和皱纹问题。

缺点：经常会带来不便：烛光晚餐时的满脸油光、当众演讲前突然爆痘等。建议使用一些能适当遮油的产品 。

特殊情况

除了 3 种最基本的皮肤类型，你可能还得考虑很多其他问题和情况。

敏感性皮肤

说实话，人们现在并未充分了解敏感性皮肤。就我们的讨论目的来说，它主要意味着“会对很多护肤产品产生不良反应”。专业人士也很难诊断和治疗敏感性皮肤，因为在很多情况下，他们甚至很难确定它的根源。你要处理的可能是真正的皮肤过敏，可能是产品引发的刺激，也可能是身体健康状况、生活方式或环境变化逐渐引起的特殊反应 。

很难治疗敏感性皮肤的原因之一是，每个人都有各自不同的敏感引发原因。有些护肤产品宣称“不含致皮肤敏感成分”，但事实是，任何成分（尤其是浓度较高时）都有可能引发敏感。在建立护肤程序的过程中，找到皮肤的“痛点”和致敏条件可能需要漫长的时间！

混合性皮肤

你可能同时觉得皮肤很油和很干，搞不清楚到底怎么回事。说实话，这样的皮肤状况是正常的。我们常说的“T 区”指的就是那些相比脸颊、下巴有更多皮脂腺的区域。

但是，对于真正的混合性皮肤，“T 区”和“U 区”的差异更大。说到护肤，这种皮肤实际上是最难处理的。通常来说，混合性皮肤需要更多的精细护理，包括在不同区域使用不同产品。

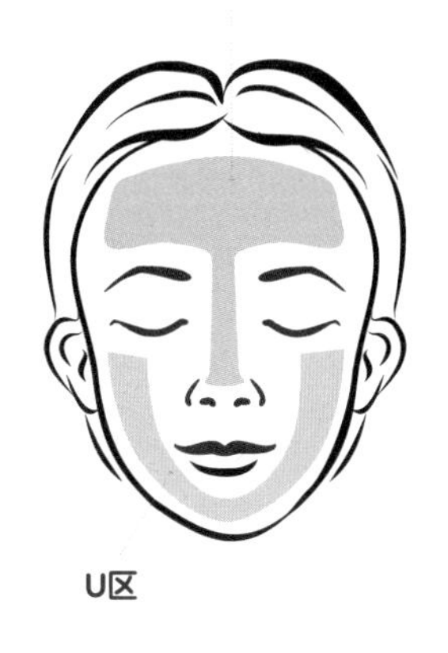

特点：皮肤有很干的区域，同时还有一个很油的“T 区”。

优点：你会成为朋友中的护肤真相大师！拥有混合性皮肤意味着你会了解市面上所有类型的护肤产品（是的，我们知道说这话相当欠揍……）。

缺点：想一步到位找到同时解决干区皮肤和油区皮肤的不同需求的办法真的很难。逐渐习惯“重点护理干性区域”吧。

湿疹、银屑病、玫瑰痤疮

在本书中，我们没有为这些特殊情况准备太多内容，因为这些皮肤病均须经正规皮肤科医生诊断和治疗。总的来说，这 3 种皮肤病都是角质层功能紊乱所致的皮肤表现异常。紊乱的角质层意味着外界过敏原更易穿透并进入你的皮肤。我们在从事化学工作期间学习到了以下知识，它们可能有用：

矿物油：也被称为矿脂。它是你的朋友，可以将你的脆弱皮肤与不利因素隔离开，是优质的封闭剂。

亲肤的 pH 值：中性皮肤呈弱酸性，pH 值在 5.5 左右。很多角质层功能紊乱的人，比如湿疹和玫瑰痤疮患者，皮肤的 pH 值偏高。针对这类人群的一个建议是检查洁面产品、洗发水、沐浴露的 pH 值，这将有助于长期的皮肤护理。

总之，如果你有上述任何一种皮肤问题，最好根据皮肤科医生的指导来建立自己的护肤程序。如果问题严重，可能需要外用处方药物，护肤品在这种情况下属于辅助型产品，而非解决问题的核心。

to animal testing.
Made in France
pour toutes peaux.
for all skin types.
FEATURED INGREDIENTS
HOW TO USE
EFFICACITÉ • EFFICIENCY
were thoroughly removed from face and eyes.
trouvent leur peau tonifiée / found their skin was toned.
trouvent leur peau apaisée / found their skin was
Tube composé à 62% de plastique issu
de résidus de canne à sucre.
62% of the plastic in this tube is made
from sugar cane residuals.
COMPOSITION DÉTAILLÉE • DETAILED COMPOSITION
conservation du produit /
mainly for product texture and stability.

“五花八门的护肤品和护肤工具令人不知所措……”
?

理解护肤产品的逻辑

你购买本书的主要原因也许是想在众多护肤产品中找出有效针对自己皮肤特性的产品。总的来说，在不计其数的护肤产品中有太多看起来用处差不多的产品。说实话，即使是我们也感觉有点迷茫。所以，别害怕！

你听说过的所有护肤产品——精华液、安瓿精华、卸妆水、化妆水、护肤仪器等——都可以按照功能划分成简单的 4 类，如下图这个简单的护肤金字塔所示。我们认为护肤金字塔的底部就是良好皮肤护理的基础。如果你想拥有一个最精简的护肤程序，做好护肤金字塔底部的 3 个方面即可。

洁面

每个护肤程序都应该从洁面开始，以除去每天在皮肤表面堆积的脏东西，洁面相当于给后续的护肤步骤准备好一张白纸。洁面也可以看作是皮肤抗衰老的一步，因为白天堆积的污垢会刺激皮肤，产生的自由基也会加速皮肤衰老。这样看来洁面就没那么简单了。护肤小白，你说呢？

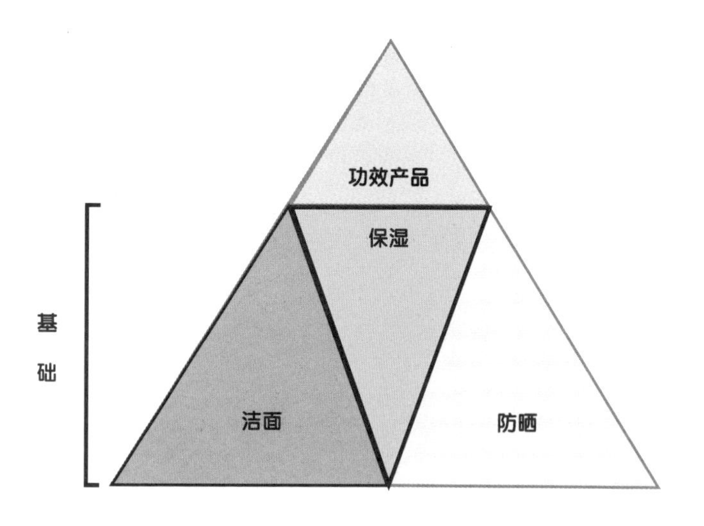

保湿

皮肤最重要的作用就是作为一道防线保护人体不受外来异物侵害，同时保持皮肤内的水分。但是，当角质层的含水量不足时，皮肤的屏障功能就会减弱。这时候就需要保湿产品了！好的保湿产品能补足皮肤急需的水分，同时能加强屏障功能。保湿产品可真多：精华露、精华液、乳霜、安瓿精华、凝霜等。这些产品都可用于保持皮肤水润。但过于丰富多样的产品却导致人们不知如何选择！

防晒

阳光是导致皮肤早衰的主要外部因素，所以防晒格外重要。防晒产品的作用是保护皮肤避免光损伤及更可怕的皮肤癌。光损伤会导致产生皱纹、色素沉着、皮肤松弛、肤质改变，以及其他各种早衰的现象。还需要再多列几条理由来说服你使用防晒产品吗?

功效产品

如果你想在基础护肤之上更进一步，那就会用到活性成分，它们可谓护肤界的“当红明星”。它们通常价格昂贵、包装精美，还都声称是“青春源泉”。功效产品主打活性成分，专门针对并改善你可能正忧心的皮肤问题，如细纹、皱纹、肤色暗沉、肤质粗糙和色素沉着。

如果你已经搞定了三大基本方面（洁面、保湿和防晒），那么说明你已经有了一个可靠的护肤程序，活性成分的加入则会让这个护肤程序锦上添花。活性成分的技术含量较高且种类繁多，所以本书会花一半的篇幅去讲它们。活性成分有助于对抗皱纹、色素沉着，改善皮肤粗糙，但它们由于功效多样，可以被做成各种剂型的产品，你往往需要多尝试才能找到适合自己需求的搭配方法。

化学家十诫

下面的 10 条建议是我们的护肤宣言，是构建任何有效的护肤程序的基础。你如果在初次尝试功效产品之前，或者为自己的复杂护肤程序选购产品之前没有了解过其他护肤知识，不妨读读这 10 条。美丽肌肤由此开始。

1 **建立自己的护肤程序始于弄清成分。**每个人都有自己的皮肤特点。搞清楚究竟什么对你有用的第一步是看懂成分表，这也能帮你弄清什么不适合你。这也是我们在 Instagram 上建了一个叫“#decodethatIL”（IL 意为成分表）的话题的缘故。

2 **坚持！坚持！坚持！**护肤是一场马拉松，而非一场短跑。持续的好习惯将使这场长跑变得更棒。

3 **没必要太多步骤。**你朋友的 12 步护肤法并不一定就比你的精简护肤更有效。有没有效果还是得看用的是什么产品、究竟需要多少用量、是否坚持使用，以及个人的皮肤特点。

4 **心急吃不了热豆腐。**一夜之间就会发生奇迹，这种承诺着实诱人。但说实话，任何真实可见的护肤效果的背后都需要耐心和时间。在绝大多数临床试验中，“可见的皮肤改善”的试验时间至少是 4 周。皱纹、炎症后色素沉着之类的问题要想看到显著改善效果，时间可能长达 12 周。

5 **浓度是关键。**挑选护肤产品时，要选择注明了活性成分浓度的产品。如果浓度过低，产品不会有任何效果；如果浓度过高，你得冒可能会刺激皮肤的风险。记住，离开剂量谈什么都没用——毒性是这样，奇效也是这样。

6 **东西再好也不能贪多。** 在晚间护肤时一口气用上 10 种功效成分以期获得 10 种效果，听起来的确相当吸引人。然而，太多的功效成分只会增加皮肤受刺激的风险。

7 **对敏感性皮肤来说，简简单单才是真。**敏感性皮肤护理的关键就是越少越好、少即是多。10 步护肤法意味着有 10 个潜在的刺激来源，而且被一个个叠加起来了！如果你是敏感性皮肤，一定要记住：护肤越简单就越能掌握主动权。

8 **疼痛不一定是收获。**有些皮肤护理很疼但很有效，但它们毕竟只占少数，而且有效的重要前提是这类操作一定是由持证的可靠医生或技师完成的。你自己在家进行护肤时不应该出现比“微微针刺感”更强烈的不适感。泛红、瘙痒、灼热都不意味着产品正在起效，这些是你的皮肤在拉响的警报。

9 **斑贴试验！斑贴试验！斑贴试验！**即使你从来都没有皮肤敏感，你也不能确定下次不会过敏。所以，在脸上使用任何一种新产品前都先在隐蔽处（如小臂）试一试吧。

10 **护肤是很个人化的（这条倒是普适的！）。**最后但同样重要的是，对你的朋友有效的东西未必对你也有效，反之亦然。这也是护肤如此令人抓狂的重要原因之一。有些产品在绝大多数人身上的效果都特别好，但对少数人就很刺激。别因为你的朋友讨厌某个产品，你就跟着唾弃它。还有，某个产品如果有刺激性，但在网上却炒得很热，千万别盲目尝试它。还是要听自己皮肤的话！

洁面

说真的，洁面可能是最被低估的护肤方法。即使你是最爱干净的人，污垢还是会每天堆积在你的脸上。算算你每天用手碰脸的次数，每天要在脸上涂多少护肤产品，更别说还得算上走过行驶的汽车、吸烟者、建筑工地之类的次数了。日复一日，每个这样的时刻都会使你的脸上增加微生物、污染物、灰尘，甚至压力源。长期的脏污积累并不会真的让你脏到长虫，但会加速皮肤老化。好消息是，去除这些污垢很简单，洁面就可以了。小菜一碟！

为什么要洁面

你的脸就是会变脏，这是自然而然发生的。变脏不仅是因为皮肤在日常生活中沾染了污垢，也是因为皮肤自身也会脱落死细胞、分泌汗液和油脂。后者是皮肤自然更新的过程，它保证了皮肤成为一道保护健康的屏障，可以持续地抵御外界危害。换句话说，你在蜕皮，这也没关系！但是，想想你打扫屋子时扫出的一团团絮状灰尘……很多灰尘其实来自你自己！别把锅甩给你养的猫！

把洁面当作皮肤抗衰老的一步来操作。你可能会把洁面与卸妆产品联系起来，或者认为洁面是为了预防痤疮这个“老冤家”，洁面的作用不止如此。那些微小的脏污会不断累积，导致肤质变差、肤色不均，甚至可能会刺激皮肤。肆无忌惮的污染物如果不加以控制，则会引发一系列的自由基损伤，并最终导致衰老。你没看错，洁面产品发挥着防止皮肤衰老的作用。

把洁面作为你的护肤程序的第一步。开诚布公地说吧：如果你不是为了构建一个属于自己的护肤程序，你不会读这本书。所以，咱们还是先确保起点就正确——把脸洗干净！在一张没洗过的脸上使用护肤产品可能会让脸更容易吸附污垢，更别提污垢下面还有一些你压根儿不想要的微生物。这样做除了会引发皮肤问题，还会让护肤产品更难起效。总而言之，如果你想构建一个有效的护肤程序，绝不能跳过洁面这一步。所以，咱们还是从一张干净的“白纸”开始吧！

知识小结

洁面产品看起来可能不起眼，但它们每天都在为你服务。它们就是护肤品中的盐：食材再好，没有盐也做不出味道。你的洁面产品就是你的护肤程序中的盐！

洁面产品简史

肥皂可能是最古老的护肤产品之一。肥皂的历史可以追溯至约 6000 年前的古巴比伦时期。各种各样的材料都能用于制作肥皂，如草木灰（碱）、动物脂肪（或胰脏！）、植物油等。肥皂起初被用于清洗布料和用作药品，直到古罗马帝国时期才首次被用于清洁皮肤。古罗马人更常见的做法是用油在皮肤上按摩以去污，谁能想到卸妆油的历史也如此悠久呢？直到 19 世纪晚期才出现液体皂，发明者是帕尔莫利夫（Palmolive），他是高露洁棕榄有限公司的创始人。我们不在此列举更多史料了。你在旅行的时候不妨去当地的肥皂店里逛逛，看看这种基础的护肤产品在不同文化中的样子。

世界各地的肥皂

每个古老的文明都有各自的肥皂配方。这些传统配方的现代改良版直到现在仍有人使用。

非洲黑皂：源自西非，其标志性的黑色来自其原料中的植物灰烬，灰烬则来自树皮和可可果的种子。喜欢非洲黑皂的人坚信它有抗菌作用。

贝尔迪皂：也被称作摩洛哥黑皂。贝尔迪皂的特点是黏糊糊的一整团，而且配方中用水不多。使用它的传统方式是戴上手套状的搓澡巾，这样可以给身体深度去角质。

阿勒颇皂：在叙利亚城市阿勒颇很常见。这种肥皂的历史可追溯到古埃及和古代叙利亚，它也因此享有盛名。阿勒颇皂的主要成分是月桂果油。

马赛皂：以法国城市马赛命名。马赛皂是用海水和橄榄油制作的。它是一种非常有效的清洁剂，甚至可以用于清洁家居。但这也意味着对于干性、敏感性皮肤而言，它的刺激性太强，洗完脸会感觉太干。

洁面产品的科学

任何洁面产品，不管其形态是皂、凝胶、油还是泡沫，它们的清洁功效都来自表面活性剂。这些可爱的“小家伙”有亲水（易与水结合）的头部和疏水（不易与水结合）的尾部，这种“一体二用”的特性使得它们天生就是清洁高手：抓住灰尘和污垢，然后借助水流把脏东西从脸上“拽”下来。在洁面产品中，表面活性剂分子会聚集在一起形成一团团的胶束，当你在脸部涂上洁面产品后打圈摩擦时，这些胶束就会与油脂相互作用并彼此紧紧抓牢，最后通过冲洗把污垢带走。这听起来挺简单的，对吧？其实说简单，却又不简单。

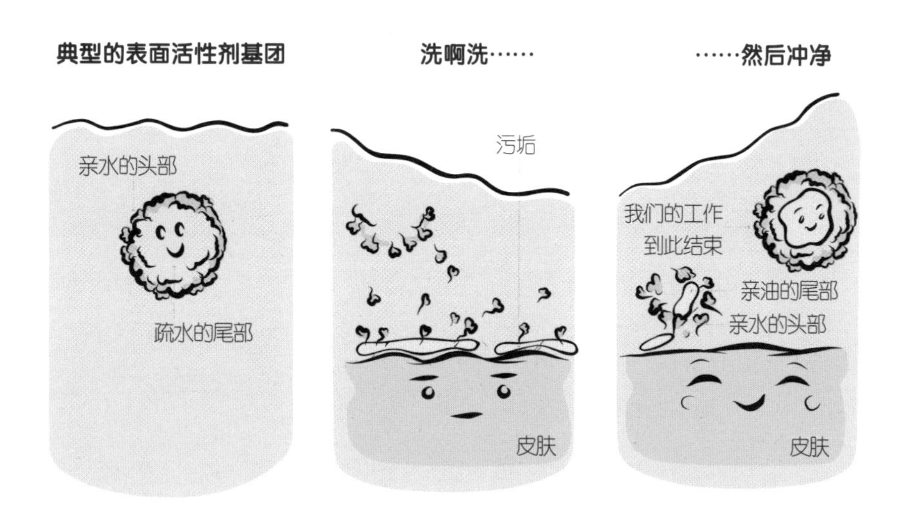

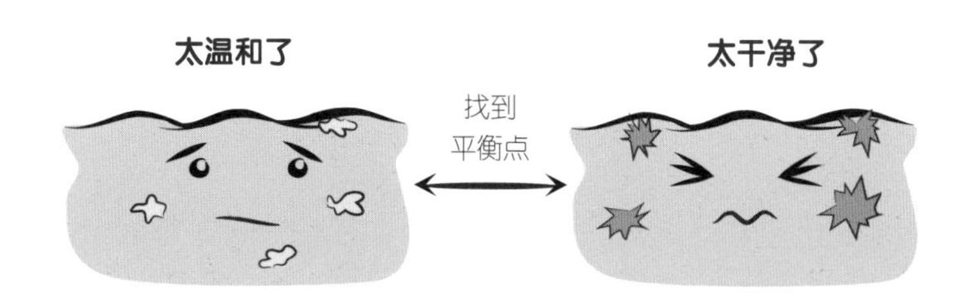

表面活性剂与角质层

相对来说，科学还是比较简单易懂的（我们希望如此！），但调配完美的洁面产品可就有点艺术味了。理想的洁面产品应该只结合并带走污垢而不会影响角质层。但有些表面活性剂并不是解决问题的高手。一些看似强效的表面活性剂实际上会与角质层的蛋白质和脂质相结合，使你在清洁皮肤后会感觉干得要脱皮了。有些人会把这种“皮都没了”的感觉误认为是超级干净，这可不对！

除了与角质层相互作用外，洁面产品还有可能会破坏角质层的酸性保护膜。酸性保护膜并不是一层实际的膜，而是指角质层的弱酸性环境，这种酸性环境也与角质层的整体健康有关。事实上，较高的皮肤 pH 值会导致皮肤菌群紊乱，这也是湿疹和特应性皮炎等皮肤问题的特征之一。不幸的是，许多洁面产品，包括好的肥皂都有很高的 pH 值，这会刺激到那些皮肤受损的人。

这里就需要化学家来为你支招了！你在市场上看到的每种洁面产品都经过了化学家的上百次试验，他们会精心平衡洁面产品的稳定性、辅助成分、清洁能力、潜在刺激性和使用感。所以请继续阅读！我们将为你介绍一些需要注意的关键成分，这样你也可以在洁面产品“闯关游戏”中大显身手。

“我明白了，洁面就是寻求温和性与清洁力之间的微妙平衡。洁面后皮肤干得吱吱响、有紧绷感都不是好事！”

卸妆水：非常温和。不同产品的效果差异很大。

洁面湿巾：方便有效！不过我们建议你使用后快速冲洗一下脸，以确保你的脸上没有残留物。

洁面产品一览

不管你是从高中开始就一直用同一个牌子的洁面皂，还是正在尝试两步清洁法，你都会对于市场上竟有这么多可供选择的清洁产品感到吃惊。

洁面啫喱：有些超级温和；有些可能是强力的痤疮清洁产品，甚至导致皮肤干燥和起皮。请仔细阅读产品标签！

洁面膏：经典的膏状产品！清洁效果非常好，但脸洗完后可能会感觉太干了，所以请仔细检查成分表。

洁面粉：有效、温和，自带一点磨砂作用，小心粉末撒出来容易搞得一团糟。

卸妆膏：比卸妆油更方便携带，也不用担心它会漏出去。

洁面皂：虽然有些洁面皂很温和，但大多数皂类的 pH 值还是偏高，并且用其洗完脸后感觉很干。

卸妆油：能洗掉各种污垢的产品。记住要使用那种洗完后脸上不会残留油感的产品。

应用

洁面产品的类型真是太多了！不过你只需要记住一点：不管是哪种产品，诀窍都是寻求平衡。合适的洁面产品会恰好满足你的皮肤需求，在清洁力和温和性之间实现平衡。那么，究竟该如何找到最适合自己的洁面产品呢？这里就该我们登场啦！我们建议你先熟悉常见的表面活性剂，然后检查 pH 值，最后用一些辅助产品强化洁面效果，而不是直接选用更强力的洁面产品。

为什么你不爱我？

来认识一下月桂醇硫酸酯钠（SLS），它是任何宣称“温和、无硫酸盐”的洁面产品都会避开的清洁成分。我们刚用了大段文字讲寻找温和的洁面产品，那为什么还要谈论 SLS 呢？许多洁面产品里加入 SLS 的原因是它很廉价，同时清洁力也不错。几乎可以说它的清洁力太好了，好到可以在刺激性试验中作为阳性对照（以一种可控的方式用高浓度的 SLS 刺激皮肤，然后在受损的皮肤上进行产品测试，看用或不用产品时是否影响皮肤恢复）。这就是 SLS 名声不好、被称为刺激物的部分原因。但是，记住“化学家十诫”第 5 条：浓度是关键！将少量的 SLS 与其他温和的表面活性剂混合后可以制造出有效且温和的洁面产品。这就是我们化学家要做的：将这些关键成分的最佳特性结合在一起，创造出均衡的配方。所以，要是你在自己一直用了 3 年的洁面产品的成分表中看到了 SLS，不必惊慌。

洁面产品提示1：了解表面活性剂

你的主打洁面产品（洁面啫喱和洗面奶等）的范围从“如此温和，它真的能洗干净吗？”到“我的天哪，我的皮肤简直干得吱吱作响！”与其根据通常不可靠的广告进行挑选，你不如学会快速看懂成分表。找到自己挚爱一生的表面活性剂，可以为你的洁面之旅省去很多麻烦。这就是你选择我们的原因，对吧？你可以从下面的“常见表面活性剂”列表开始。

	特点	适合人群	不适合人群	如何挑选
皂基	清洁力极强，但pH值高到可以让皮肤脱屑	中性和油性皮肤类型人群	干性、敏感性皮肤，以及有湿疹等角质层问题的人群	成分表靠前的位置会出现氢氧化钠或氢氧化钾，化学家们用它们和脂肪酸制造出皂基
硫酸盐	pH值低，泡沫很丰富，清洁力极强	几乎所有的皮肤类型人群	对硫酸盐类表面活性剂敏感的人群（如果你不确定自己是否对其过敏，可以感觉洁面后皮肤是否特别干）	月桂醇硫酸酯钠和月桂醇聚醚硫酸酯钠是这类成分中最主要的两种，相较而言，后者对皮肤更友好
椰子甜菜碱	最常见的温和表面活性剂，对皮肤友好，清洁力强，泡沫适中	所有寻求更温和产品的皮肤类型人群	讽刺的是，有些人可能对它过敏	全称是椰油酰胺丙基甜菜碱，有时化学家会简称其为“椰子甜菜碱”
其他温和的表面活性剂	试过所有最常见的表面活性剂，但仍然没有找到你的真爱？试试这里的吧	皮肤敏感或长期干燥的人群	喜欢丰富、绵密泡沫的人群，因为这类表面活性剂通常是少泡或无泡的	椰油酰异硫酸盐钠、葡糖苷（椰油基葡糖苷、月桂基葡糖苷）、椰油酰乙酸酯和氨基酸是这一类中的常见成分，它们通常被搭配在一起使用

洁面产品提示2：考虑pH值

如果你是敏感性皮肤或有长期的皮肤干燥、银屑病、湿疹等问题，那么仔细检查你的洁面产品的 pH 值永远不会有坏处。皮肤的天然酸性保护膜（pH 值通常在 5.5 左右）是皮肤微生物群和皮肤整体健康的重要组成部分。虽然科学家还没完全搞清微生物群和皮肤 pH 值的复杂关系，但还是尽量使用标明“pH 对皮肤友好”（pH 值小于 6）的洁面产品吧。

但是，根据 pH 值选择洁面产品总是正确的吗？事实上，健康的皮肤有自我调节 pH 值的能力。所以，如果你有中性、健康的皮肤，但你喜欢 pH 值较高的洁面产品也不用大惊小怪！对于那些皮肤受损的人来说，pH 值才是更值得慎重考虑的因素。

“化学家的告白”：购物指南

昂贵的洁面产品

你会在一些商场里看到贵得离谱的洁面产品，而这是我们最讨厌它的地方。这些产品往往有着华丽的包装、昂贵的价格，声称由浓缩的美人鱼眼泪制成，承诺会洗去你的皱纹和“罪恶”。荒谬的说法在护肤品中随处可见，但我们发现最令人瞠目结舌的说法还是在洁面产品中。就算里面确实加入了由“不老泉”蒸馏出的精华液，洁面产品也不是促进抗衰老成分吸收的好产品。请记住，洁面产品的工作是“去除”而不是“新增”。价格便宜、成分普通的洁面产品就能完成这项工作。

解读宣传语

声波洁面刷

疯狂的宣传语随处可见。你们中的大多数人可能已经对“光泽度增加542%！”或“让时间倒流！”这样的字眼习以为常了。但是，在一些听起来很疯狂的说法背后偶尔也会有一些令人惊讶的细节和有趣的研究。实际上，科莱丽（Clarisonic）的团队做了不少有关洁面刷的有趣研究。在一项研究中，测试者在脸上涂抹了大量的灰尘和污垢，然后比较使用和不使用洁面刷的清洁效果。这项研究证实，声波洁面刷的清洁程度要彻底得多。不过，我的洁面刷的充电器在哪儿……

洁面产品提示3：提升你的清洁力

现在，你已经找到了完美的主力洁面产品，它不会使你的皮肤过分干燥或刺激你的皮肤，但你并不确信它提供的清洁程度足够。你还能做些什么既可以提升清洁力又不会刺激皮肤呢?

考虑两步洁面法：两步洁面法需要先用卸妆油，然后用温和的洁面乳或洁面啫喱。卸妆油是帮助去除所有的污垢、灰尘甚至化妆品的清洁剂，洁面乳或洁面啫喱则会帮助去除卸妆油残留的多余油脂。

考虑使用洁面工具：使用洁面刷是洁面步骤的重要补充，可以让你的温和洁面乳效果更好。声波洁面刷经过了最严格的测试和验证，是你的选择之一，但它也是最贵的洁面刷。也有更便宜的电动洁面刷、硅胶刷及手动洁面刷。记住，要选柔和的软毛洁面刷！

护肤程序答疑解惑

关于洁面你仍然一脸迷茫吗？以下是根据生活方式提出的一些建议，供你参考。

彩妆迷？ 如果你使用持久型化妆品，建议选择两步洁面法。清洁的第一步是使用卸妆产品（可以是水油分离的卸妆液、卸妆油或卸妆膏），第二步是使用温和的洁面乳，以保证皮肤干净而光滑。

总是在旅途中？ 你如果经出差或旅行，可以考虑用洁面湿巾来快速清洁皮肤。你也可以在健身包里准备一瓶卸妆水，用于健身后的快速洁面。

敏感性皮肤？ 你如果是敏感性皮肤，请寻找“pH 值友好”的洁面产品，然后尝试缩小搜索范围，直到找到你的皮肤可以承受的表面活性剂。如果你是干性皮肤，你可能需要卸妆油或卸妆膏。

油性皮肤？ 油性皮肤的人特别容易过度洗脸，因为他们到了下午就觉得脸上很油腻。尽量避免这样做。把脸彻底洗“干”对你的油皮状况和皮肤屏障健康都没有帮助。去找一款清洁效果好但又不会洗掉所有油脂的洁面产品吧。这需要你花一些时间来适应这样的产品，但对皮肤有好处。

总而言之，你要先找到适合自己的主力洁面产品，它既要满足你的大部分清洁需要，又不能过分脱去油脂。一般来说，洁面产品是非常个人化的，所以需要试错。这些前期工作是值得的，因为一旦你找到了自己的“天选之子”，你就再也不需要有什么担忧，洁面会变得像刷牙一样自然。

备忘录
洁面产品要点总结

化学家指南

· 每天洗脸、清除积聚的污垢是护肤程序中的基本步骤，实际上也是一种长期的抗衰老方法。

· 好的洁面产品要在温和性与清洁力之间取得平衡。

· 把钱花在温和、有效的清洁力上，不要花在抗衰老的宣传语上。

不同皮肤类型的入门洁面产品推荐

油性皮肤  寻找那些不会清洁过度的产品，可别让整张脸干净得能搓出声响。

干性皮肤  你尝试过卸妆油吗？

敏感性皮肤  无香精、无泡沫的洁面乳是一个安全的起点。

化学家的专业提示

· 你想让皮肤更光滑吗？别用磨砂膏！去试试洁面粉、洁面刷和魔芋海绵，它们能带给你更温和的去角质体验。

· 每天最多洗两次脸。没错，说的就是油性皮肤类型人群。过于频繁地洗脸不利于皮肤保湿，这点对你也很重要。

个人使用感受

看吧！我们的护肤之旅才刚刚开始，而你已经发现并没有适合所有皮肤类型的唯一标准答案。该怎么护肤只与两件事有关：你现在的皮肤状况及什么对你有用。即便如此，我们也总是被问道：“你的个人护肤程序是怎样的？”以下是我们多年来积累的经验。

吕恒欣

在我从事护肤相关工作并真正学习其背后的科学知识前，我很喜欢皂基类洁面产品那种彻底的清洁感。对我的干性皮肤来说，这可能没有任何好处。当我换用更温和的洁面产品时，我充其量是半信半疑，因为一直都觉得脸洗得不干净。但长期来看，我确实感觉到了皮肤的水润程度有所提高，这种差异在寒冷的季节尤其明显。

十几岁的时候，我的脸上不停地长痘，一天要洗 4 次脸。回想起我那时的糟糕护肤程序，现在都感到害怕。但现在我已经改变了，保持相当精简的护肤程序。说实话，有时简直是偷懒——我应该在眼部卸妆时再认真一点。早晨，我用一捧清水来唤醒自己，晚上则用洁面啫喱洁面。现在，我真的在尽量远离那些把脸洗得吱吱响的洁面产品。

傅欣慧

洁面常见问题解答

1

问：我应该多久洗一次脸？

答：每天至少一次。有些人早上起床后只需用清水洗脸，但是晚上记得用洁面产品。

2

问：洗脸太频繁会不会有问题？

答：会有问题。洗脸太频繁，皮肤会有干燥、紧绷和缺水的感觉。每天最多洗两次脸（两步洁面法中的卸妆只算洗一次脸中的一个步骤）。

3

问：如果我使用防晒产品或持久型彩妆，是否需要特殊的、清洁力较强的洁面产品？

答：如果只涂防晒霜或化淡妆，那你不需要用清洁力很强的洁面产品。如果是很牢固的持久型彩妆，则需要使用卸妆产品。

4

问：我忘带洁面产品了，可以用其他东西替代吗？

答：如果你手头没有任何洁面产品，那可以选择沐浴露而不是酒店的肥皂。不过，洗发水和沐浴露的配方并没有洁面产品那么温和，因此我们不推荐长期用它们代替洁面产品。

5

问：有人用椰子油或橄榄油这样的烹调用植物油来洗脸，你们的意见如何？

答：如果是重度的干性皮肤，需要卸掉脸上厚重的彩妆而又不想让脸太干，则可以使用。还记得表面活性剂吗？纯植物油中并没有这类可以与水结合的表面活性剂，因此它们用水冲不干净，最终你脸上的残留物可能比预想的更多。卸妆油既可以彻底卸妆又不会让脸太干！

保湿

有这样一句“名言”：“朋友们，保持皮肤湿润！”虽然这句“名言”是我们编的，但再怎么强调保湿对皮肤健康的重要性都不为过。我们要清楚一点：一个基础的保湿产品并不会带来奇效。但可靠的保湿策略是强化皮肤屏障的第一步，好的皮肤屏障才可以有效地把好东西（水）留在皮肤里，把坏东西（一大堆过敏原及环境压力）隔绝在皮肤外。如果没有良好的皮肤屏障功能，你在皮肤上使用的所有昂贵的抗衰老产品都是浪费。让我们把不起眼的保湿霜请到聚光灯下，好吗?

为什么要保湿

要了解保湿的长期重要性，我们应该先复习本书第一部分中的一些术语和概念。记住，你的皮肤就像洋葱一样有很多层，其中最外层叫角质层。大多数护肤品主要针对表皮的最外层（即角质层）起效。（如果你需要复习一下皮肤的基础知识，请参阅第 004 页。）

皮肤屏障功能1：把坏东西挡在外面，让水留在里面

角质层是皮肤的最外层，它是防止水分流失和抵御外来入侵者的第一道防线。简而言之，保湿产品可以帮助角质层发挥屏障作用。

皮肤屏障功能2：亲水成分 / 水性成分

健康的皮肤屏障功能的另一个成分是天然保湿因子（NMFs），它们存在于角质层的角质细胞中，占角质层干重的 20% ~ 30% 。

这些亲水成分会使皮肤保持弹性。皮肤中还有一些对细胞正常更新很重要的酶，亲水成分对保持酶的活性也很重要。皮肤中常见的天然保湿因子有吡咯烷酮羧酸、乳酸、游离氨基酸和尿素。记住，健康的细胞更新 = 健康的皮肤屏障 = 健康的皮肤。

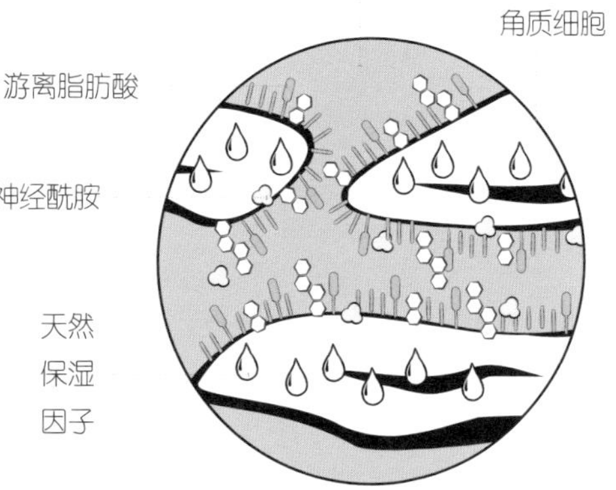

缺水皮肤的苦恼

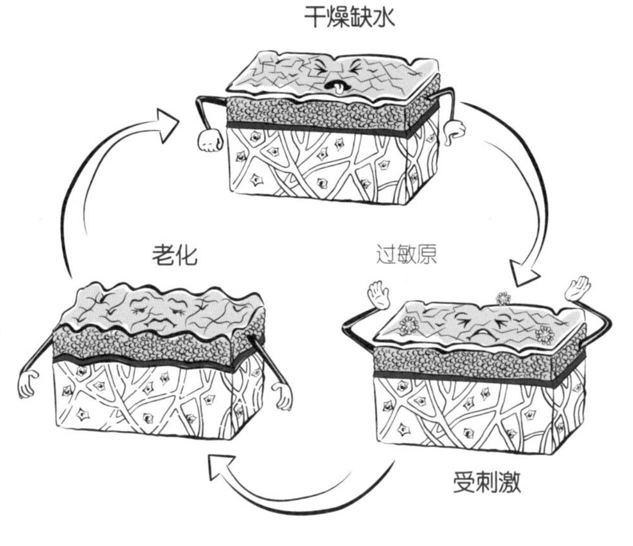

你的角质层非常粗糙：外界过敏原、污染物、紫外线、气候变化，甚至是简单的老化都会对角质层造成损害，并阻止其正常地发挥屏障功能。你的皮肤屏障功能一旦受这些因素影响，皮肤就会干燥缺水、过敏，而干燥的皮肤会导致糟糕的长期影响。忽视保湿会使你的角质层陷入恶性循环：水分流失加剧，外界刺激物进入皮肤引发炎症，导致皮肤干燥问题更严重、更难吸收保湿成分。如果干燥状况没有得到及时改善，恶性循环会引发皮肤瘙痒、脱屑等短期问题，如果长期得不到改善，则会产生细纹和皱纹！由此可见，找到可靠的保湿方法，并随季节、年龄的变化对其不断调整是保持皮肤最佳状态的重要对策之一。

知识总结

皮肤保湿听起来很无聊，但如果没有这个基本步骤，角质层下面的皮肤会缺水，身体对外界有害物质的防御会降低，进一步的皮肤损伤将不可避免地加速老化进程。如果你没有时间去涂精华液、精华霜或敷面膜，那就拿瓶乳液涂涂脸吧。

保湿产品的科学

如何找到一款合适的保湿产品？这个问题可能会令你困惑烦恼，不过这其中还是有一些诀窍的。保湿产品中的不同成分可以根据性质分为3类：保湿剂、柔润剂、封闭剂。这3类成分协同作用，满足皮肤的保湿需求。了解这些成分是如何起作用的，并掌握它们相互搭配的平衡，是破解皮肤保湿难题的关键。

实际上，你的皮肤是在不断变化的。所以，与其重新开始，扔掉你现在用的保湿产品——你花了很长时间才选好的那款，还不如找出这3类成分中你还需要额外补充的那一类。这样季节更替也不会影响你的保湿需求。希望这能帮助你自信地解决现有问题，也能帮助你在皮肤状态剧变时调整护肤程序。

第一类：保湿剂（亲水成分）

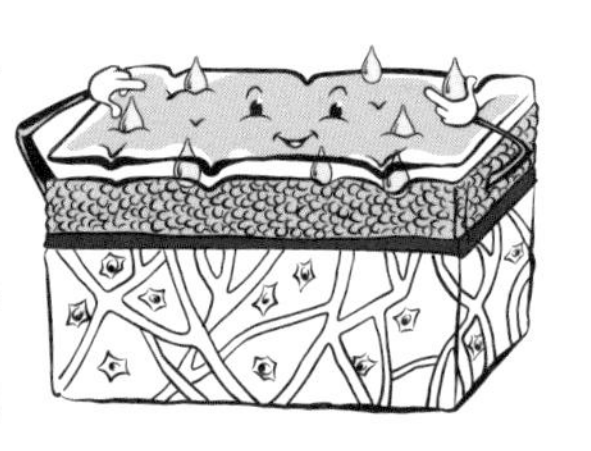

保湿剂是一类可以“抓住水分”的成分，可以帮助皮肤维持健康的含水量，保证肌肤柔软、水润。皮肤自有一套水分维持系统，它由天然保湿因子构成，护肤品中的保湿剂可以补充、加强这个系统。保湿产品中的常见保湿剂有甘油、透明质酸和乙二醇类。保湿剂非常重要，许多护肤品（如精华露、安瓿精华、保湿精华液和保湿喷雾）都是以它们为基础调配的。

谁需要保湿剂？每一种皮肤类型（从最油的皮肤到最干的皮肤）都可以因保湿剂受益。如果你想让干燥的皮肤更柔软，那么保湿剂就尤为重要！

第二类：柔润剂（油脂类）

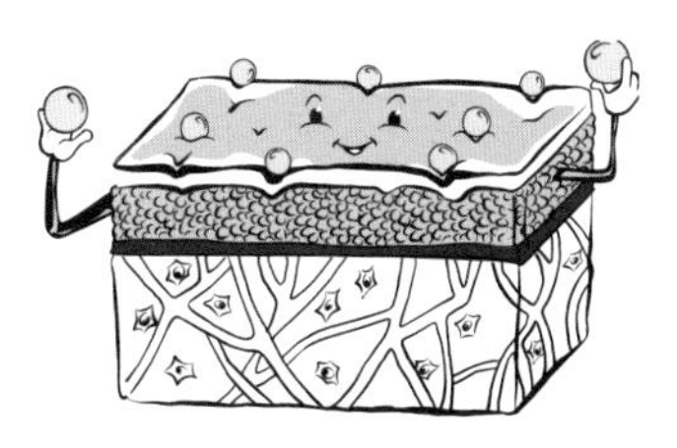

柔润剂可以填补粗糙皮肤上的凹陷，立刻赋予皮肤柔软光滑的质感。这类成分通常是较轻质的油状物质，如霍霍巴油、辛酸/癸酸甘油三酯、角鲨烷和椰子烷。当然，最常见的柔润剂是面部皮肤分泌的！柔润剂在过去的十年里变得非常流行。因此，许多品牌都纷纷推出了“神奇的”“含有丰富抗氧化成分”“可以平复皱纹”“让时间停止”“持续改善皮肤”的面部润肤油。这些产品确实能很好地帮助皮肤保湿，但不要把“逆转时间”的说法太当真。

谁需要柔润剂？如果你已经在用保湿产品，那你肯定已经用过一些柔润剂了。柔润剂对干性和中性皮肤都很适合，关键是找到合适的油类。如果你的日常护肤还不够满足保湿需求，那么在护肤的最后一步中再加几滴润肤油就能提升保湿效果。

第三类：封闭剂（把水分锁在皮肤内）

皮肤是抵御紫外线和污染物等外界侵害的屏障，但你的皮肤屏障有时候也需要一点额外的帮助。封闭剂就是协助皮肤更好完成任务的帮手。封闭剂通常是厚重的、像脂肪或蜡一样的物质，可以在皮肤上形成一层物理性的防水屏障，并把水分锁在皮肤内。常见的封闭剂包括凡士林、黄油等动物油，蜡和较厚重的硅油。以封闭剂为主的产品，如油膏，对极度干燥的局部皮肤十分有效。

谁需要封闭剂？你猜对了！和其他两类成分一样，每个人都可以受益于日常护肤中使用的封闭剂。如果你是干性皮肤，可以考虑涂上厚厚的油霜、油膏或凡士林膏。相信我们，你的皮肤会感谢你的。

认识保湿成分

如果你经常在网上搜索护肤品成分数据库（就像我们一样——我们可真酷），你会发现所有成分都宣称具有保湿奇效。但哪种是最出色的呢？下面简单介绍一些化学家研发保湿产品时最爱的保湿成分！

保湿剂

当今，所有护肤产品都宣称可以“补水”。事实却是保湿剂才是当之无愧的第一保湿高手。不同保湿剂在相对分子质量和附加效果上的差异很大。一个保湿策略是混合使用下列的不同保湿剂，让你的保湿做得更加全面。

含保湿剂的代表性产品推荐：化妆水、精华露、凝露、保湿精华液和大多数凝霜。

尿素（相对分子质量：60）

尿素是天然保湿因子中的一种。尿素除了能立即补水，长期使用还能增强屏障功能，它在这一点上与其他保湿剂不同。事实上，随着年龄的增长，尿素在身体护理方面会变得越来越有用。不过有些人会大喊：“尿素来自尿液！我可不要往脸上撒尿！”请放心，面霜中的尿素绝对不是提取自尿液。

乳酸（相对分子质量：90）

乳酸也是天然保湿因子的一种。它是一种用途广泛的成分，既是杰出的亲水保湿剂，也可用于化学去角质。

甘油（相对分子质量：92）

你会在很多护肤产品中发现甘油，原因是它有用！甘油小分子可以渗透进角质层间隙中的脂质混合物，赋予肌肤美丽、柔软、有弹性的质感。

保湿产品简史

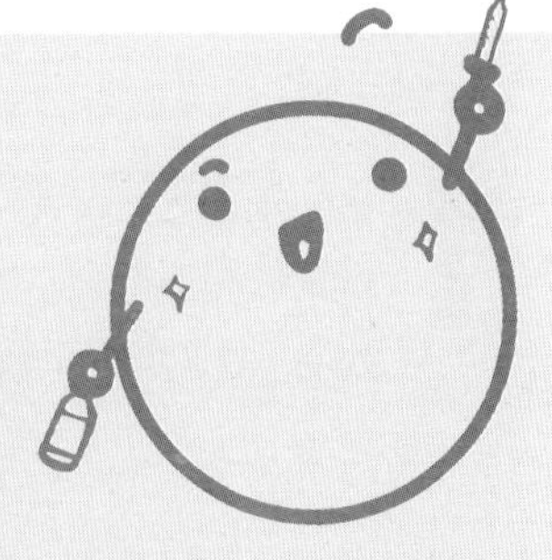

保湿这件事人们已经做了几千年，如古罗马时期的妇女睡觉前涂羊毛脂，克利奥帕特拉（Cleopatra）七世用的是驴奶和乳木果油，中国古代皇室把中药和动物油脂混合在一起。总而言之，人类很早就明白使用封闭剂保护皮肤不受外界的侵害是很重要的。

无论在历史的哪个时期，人类所做的事都是相似的。当然有些事做对了，有些事做错了。动物油脂和蜡听起来很正常，但有些使用故事听起来……令人不禁产生怀疑。据说，特洛伊的海伦（Helen）用醋洗澡，而匈牙利公主伊丽莎白·巴托里（Erszebet Báthory）用的则是年轻女孩的血。

泛醇（相对分子质量：205）

泛醇又称维生素原 B_5，被认为兼具保湿剂和柔润剂的作用。它也有很好的舒缓作用。

胶原蛋白（相对分子质量：30 万）

许多人可能将胶原蛋白与抗衰老的宣传语联系在一起。然而，事实是外用的胶原蛋白无法代替皮肤里的天然胶原蛋白。不过，它的确是很棒的保湿成分！

透明质酸（相对分子质量：2 万以上）

透明质酸可能是最赚钱的保湿成分！你应该听过各种广告宣传语，从“保湿”“让皮肤饱满”到“抗衰老”。市场上的绝大多数透明质酸是相对分子质量在 200 万以上的大分子，它们只会停留在皮肤表面，帮助肌肤全天保持水分。

专业提示：还有一些分子小得多的透明质酸。一些研究表明，小分子透明质酸可以穿透皮肤，使皮肤饱满、水润，甚至有抗衰老的效果。然而，小分子透明质酸会使某些人皮肤敏感。所以，就像我们常说的：一定要先进行斑贴试验（见“化学家十诫”第 9 条）。

柔润剂与面部润肤油

面部润肤油已经流行多年，每个品牌都有自己的产品。你会发现，它们几乎都打着“100% 纯净”“100% 有机”“100% 有效”“100% 效果卓越”的旗号。实际上，润肤油的确可以在日常护肤基础上为暗沉的皮肤增加更

解读宣传语

“x% 的人同意皮肤感觉滋润”“持久滋润”“24 小时有效”“皮肤含水量增加 75%”

这些常见的保湿产品宣传语听起来像不像市场营销专家们随口编出来的数字？事实上，这些说法背后的确有科学研究支撑。大多数保湿产品的功效测试包含 2 个关键值：皮肤含水量和经皮水分散失（TEWL）。

皮肤含水量是通过角质层水分测试仪测量的。这种手持设备会测量皮肤的电导率（也就是皮肤导电还是不导电），并出具皮肤含水量的测量结果。测试时，先在清洗过、涂过保湿产品的皮肤上测试含水量，几小时后再测一次，以此来评判产品的保湿效果。

TEWL 用于衡量有多少水分通过你的皮肤蒸发到外部环境中。TEWL 评分越高，皮肤屏障越差。该方法可以有效地评估数个不同的护肤品。例如，测试者可以先人为提高一块皮肤的 TEWL，然后使用待测的保湿霜测试 TEWL 值降低了多少。这个方法很棒吧？

多营养和光泽，平滑肌肤表面，改善肌肤整体柔韧性。润肤油并不是很好的保湿成分，但在几个特殊场景下，润肤油会使你的护肤效果更上一层楼。

含柔润剂的代表性产品推荐：面部润肤油、精华油。

润肤油急救指南

如有以下情形，可考虑使用面部润肤油：

“我喜欢现在用的保湿霜，但我的皮肤还是有点干。”皮肤是不断变化的。仅考虑压力、年龄、生活方式和激素等因素，你的保湿需求就会发生变化。你如果不想换掉保湿产品，同时又明白到了需要加强保湿的关头，那么可以考虑加几滴面部润肤油，简单的操作就会有奇效。

“我是干性皮肤，但又不至于是‘沙漠皮’，没到需要用凡士林或油膏的地步。”凡士林或厚重的封闭剂的肤感的确太差，更不用说那种“满脸油光、亮如灯泡”的样子现在已经不流行了。考虑一下用面部润肤油，它的质地更轻盈，和凡士林的性质相似，只不过效果略差。

“我的皮肤有点暗淡。”快速提升皮肤光泽度的方法是来几滴润肤油。

“我有粉刺，但粉刺药膏让我的皮肤很干燥，我现在的保湿产品也没什么用。”找一些轻盈的柔润剂，如亚油酸、偏酸性的植物油或角鲨烷。

润肤油新手可以考虑角鲨烷

你在玫瑰果油、西瓜籽油、摩洛哥坚果油或其他植物油之间难以抉择？绞尽脑汁之前不妨考虑一下角鲨烷，它是一种纯净的饱和烃。通俗地讲，这意味着它没有什么特别需要注意之处，不易引起皮肤刺激或痤疮。对所有皮肤类型的新手来说，它都很适合入门使用。

面部润肤油选购指南

不知道如何选购？以下是一些当下流行的润肤油及化学家的备注。

干性皮肤

甜扁桃仁油

你能在所有产品中找到它，包括那些天价产品

杏仁油

摩洛哥坚果油

鳄梨油

山茶花油

常见于亚洲护肤品牌

霍霍巴油/脂

夏威夷果油

马鲁拉油

辣木籽油

橄榄油

乳木果油

有固体和液体两种状态

油性皮肤

黑茶藨子籽油/黑醋栗籽油

奇亚籽油

蔓越莓籽油

月见草油

易氧化，须尽快使用

葡萄籽油

大麻籽油

不是大麻二酚（CBD）

百香果油

仙人掌籽油

玫瑰果油

沙棘籽油

要确保不是果子的油；有颜色，会染色

角鲨烷

入门润肤油的好选择；普遍适用；干性皮肤同样适用

吸血鬼先生的提醒：把润肤油放在它喜欢的地方——凉爽、黑暗、密封性好的地方。这是因为油容易氧化、酸败，酸败的油会变色并带有异味，氧化的油则最终会伤害你的皮肤。

封闭剂

封闭剂包括动物油、蜡以及矿脂，它们有助于保护你的皮肤免受外在因素的伤害。当皮肤屏障功能受损时，封闭剂可以保护皮肤和锁住水分。但是，相比于前两种保湿成分，封闭剂更厚重、更油腻。油性皮肤的人需要较为轻盈、几乎不含封闭剂的凝霜类产品，干性皮肤的人则可选择含有更多封闭剂的乳霜。我们建议大家准备一些封闭性好的油膏（如凡士林、优色林等），有针对性地用在局部干燥的部位！

含封闭剂的代表性产品推荐：油膏、油脂、软膏。

矿脂（“老好人”凡士林）

矿脂至今仍是封闭剂的黄金标准。近年来，一些过于恐惧化学品的人声称“凡士林会导致痤疮与癌症”。但事实是化妆品级的凡士林是高度提纯的，非常“干净”（没有潜在的刺激物和有害残留物），不会堵塞毛孔，但如果你懒得洗脸，它会和脸上没洗掉的灰尘、油脂混在一起，引起痤疮。

矿物油

矿物油比凡士林更轻质，封闭性也没那么强，所以用它做成的乳霜也更轻薄。不同的成分对你最终用到的护肤品会产生多大的影响呢？这点很有趣！矿物油或矿脂的含量即使只改变了1%，也会改变面霜的最终使用感。

乳木果油

乳木果油通常呈固态，像黄油一样。它是一种很棒的多用途封闭剂，而且纯天然。在“纯净护肤”的浪潮中，你偶尔会看到“未经加工的乳木果油”。有些人认为“未经加工”就意味着“更安全”和不含可怕的化学成分。然而，事实是植物是复杂的有机体，未经加工的乳木果油可能含有刺激性成分。我们更推荐精制乳木果油，而且有很多不同的质地可供选择。

羊毛脂

这种从羊毛中提取的封闭剂的效果非常好，不过，它可能引起某些人过敏，所以你需要购买医用级别的羊毛脂，并确保在使用前进行了斑贴试验。

关于椰子油

很多产品是以椰子为原料生产的，但并不意味着这些产品都一样好。例如，辛酸/癸酸甘油三酸酯是由椰子油制成的轻质酯类，这两种轻薄的柔润剂适合油性皮肤。椰子油则更厚重，不适合油痘肌，而且会让你闻起来像一盘菜，因为椰子油既可用在护肤品中，也可用于烹调，如做椰子虾。

蜡

大自然中也有很多优秀的封闭剂，如蜂蜡、小烛树蜡、巴西棕榈蜡等。它们的主要缺点是质感像蜡烛一样又硬又厚。蜡类的熔点较高，所以不适合大量添加在产品中。

硅油/硅树脂/硅氧烷

硅油是一大类化合物的统称。但不管具体是哪种，它们都有一个共同而简单的特性——手感棒极了！它们既可以有效地封闭水分，同时又不会感觉特别厚重。如果你的皮肤油腻，那添加了硅油的水凝霜不仅可以很好地满足你的补水需求（无论是季节更替还是皮肤状况改变时），而且还不会让你觉得太油了。如何找到含硅油的凝霜？在成分表的前几个成分中找是否有“xx 聚 xx 基硅油”或“有机硅交联聚合物”之类的词吧。

有些人认为“它就像一个塑料袋，让我的脸无法呼吸”

目前，还不完全清楚这个流言从何而来。硅油是一个相当庞大的类别，不同种类的功能各异。它们既可以是轻薄的油状液态，也可以是厚重的蜡状固态。它们可以使面霜乳化。你可能读过疯狂批评硅油的文章，但重要的是自己去尝试，亲自感知皮肤是否喜欢它。硅树脂能让皮肤拥有非常美妙的质感，甚至可以掩盖油光、平衡肤色，因此非常适合油性皮肤。

其他身体部位该如何护理？

似乎有越来越多的产品专门针对特定的部位，如眼周、嘴唇、脖子、左屁股蛋……但这些产品真的都有必要吗？以下是一些针对特定部位的护理建议：

这里的皮肤比较厚，所以如果你的手和脚都很干燥的话，可以使用封闭性强的保湿霜来防止皮肤干裂。这类产品的缺点：使用时经常感觉油乎乎、滑溜溜的，会影响抓握东西。

眼部区域的皮肤更脆弱，角质层更薄，但它所需要的功效成分与面部其他区域基本相同。只要没有感觉到刺激，便可以把你的护肤产品直接用在眼周。当然，我们这里只是在讨论保湿需求，眼部抗衰老护理的详细内容请见第 201 页。

唇部往往需要使用专用护理产品。一方面是因为唇部皮肤的角质层更薄，另一方面则是因为唇部皮肤完全没有皮脂腺和黑色素。凡士林、羊毛脂和其他厚重的封闭剂都有助于保护唇部皮肤免受外界伤害。鉴于唇部没有黑色素，你可以在白天使用有防晒功能的润唇膏！

护理你那宝贵的左屁股蛋得像你对待身体的其他部位一样，好好使用身体乳。我们发现，最近市面上涌现出许多昂贵的身体护理产品，但是相对来说，身体皮肤更经得起“摧残”，所以便宜的身体乳就够了。随着年龄增长，皮肤细胞的更新速度会变慢，皮肤干燥会成为你更大的问题，所以使用含有乳酸和尿素的身体乳吧，以帮助皮肤保湿和发挥屏障功能。

多样的保湿产品

保湿产品涵盖了从轻薄到你几乎感觉不到到肤感特别厚重的所有产品，你可以在化妆品商店和购物网站上买到它们。

面部润肤油：这种有助于润肤的产品可以给你的皮肤带来柔软的触感和健康的光泽。

片状面膜：把你的皮肤“浸泡”在液体中，这是帮助皮肤吸收更多水分的一种高效方式。

水凝霜：这种比较轻薄的保湿霜含有较少或更轻质的封闭剂，因而更适合油性皮肤使用。

保湿精华（啫喱）：帮助皮肤补水的一种很好的产品。

保湿喷雾与爽肤水：简单地给皮肤增加少量的水分和极少的功效成分。

乳霜：这种较厚重的保湿产品含有较多封闭剂（包括凡士林、油脂），对干性皮肤很有好处。

油膏与乳膏：它们的封闭性极好，朋友们记住了！它们都是为容易出现局部干燥的人准备的强效、急救产品。

保湿产品大作战

当你在化妆品商店里四处寻找，想买一款保湿产品时，你很快就会发现这类产品多得让人眼花缭乱。其实很简单，你可以把它们快速分类：主力产品和辅助产品（帮助主力产品更好地发挥效果）。

主力产品

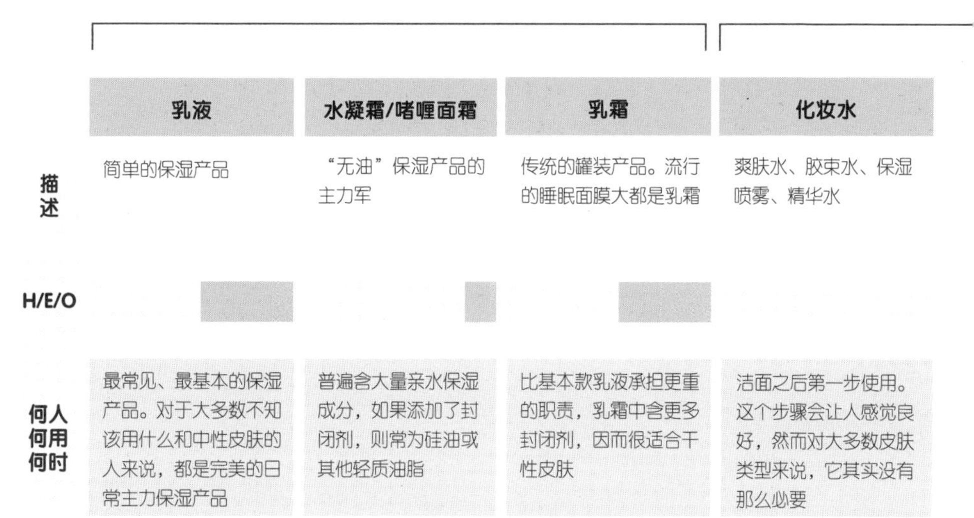

	乳液	水凝霜/啫喱面霜	乳霜	化妆水
描述	简单的保湿产品	“无油”保湿产品的主力军	传统的罐装产品。流行的睡眠面膜大都是乳霜	爽肤水、胶束水、保湿喷雾、精华水
H/E/O				
何人何用何时	最常见、最基本的保湿产品。对于大多数不知该用什么和中性皮肤的人来说，都是完美的日常主力保湿产品	普遍含大量亲水保湿成分，如果添加了封闭剂，则常为硅油或其他轻质油脂	比基本款乳液承担更重的职责，乳霜中含更多封闭剂，因而很适合干性皮肤	洁面之后第一步使用。这个步骤会让人感觉良好，然而对大多数皮肤类型来说，它其实没有那么必要

注：上表为概括性的拆解，产品特性因品牌而异。H/E/O指产品中保湿剂、柔润剂、封闭剂的添加比例。

整体分析

这是“化学家推荐给你的保湿起点”。你如果想找到理想的保湿产品，就必须不停地尝试，一旦找到了，你就可以把目光转到辅助产品，用它们微调你的保湿程序以适应不断变化的皮肤需求。没有人比你更了解自己的皮肤！如果你找到了一个产品，它并不太符合我们的设想，但它能让你的皮肤外观和质感都更好，别让任何人说服你放弃它，包括我们！

主力产品与辅助产品：主力产品指的是那些更传统的保湿产品，由保湿剂、柔润剂和封闭剂构成，既可以是流动的乳液，也可以是浓稠的乳霜。辅助产品通常只含有一类保湿成分。如果你的化妆台上有辅助产品那就太棒了，当你觉得主力产品还不够保湿的时候，不必买新的，只要加上辅助产品一起用就行了。

辅助产品

凝胶	面膜	油	膏/脂
保湿凝胶、精华液、安瓿精华	大多数是片状的	面部润肤油、精华油	油膏、黄油霜
好的保湿凝胶应该能够满足那些重度油性皮肤的保湿需求。对于干性皮肤，它们则是最好的辅助产品	敷面膜是所有皮肤类型都可以享受的美好时刻	用于护肤的最后一步，或与主力产品混合使用。润肤油的类别很多，各种类型的皮肤都可以找到适合的油类产品	用于护肤的最后一步。非常适合点涂到局部干燥或有刺激感的部位

我是中性皮肤吗？	我太干了	我有点油	皮肤敏感
选水凝霜或乳液	选啫喱、面霜和（或）油膏	选啫喱或水凝霜	凡士林膏
天赐肌肤！紧绷、干燥只是你偶尔或冬天才有的问题。简单的凝霜或乳液就够用了	适合你的方式是一层一层地叠加！在你出现问题、开始脱屑的局部皮肤上再加一层油膏	如果你的脸上中午就开始泛油光，那你需要啫喱状产品；如果你出油不太严重或属于混合性皮肤，简单地用水凝霜就可以了	你需要增强皮肤屏障功能，可以使用那些重点添加了神经酰胺、胆固醇、游离脂肪酸或舒缓成分的产品

护肤程序答疑解惑

从上文中 8 种令人抓狂的产品类型来看，保湿产品这个门类确实“林子大了什么鸟都有”，更不用说这些类型中有许多产品的功效还是重叠的。因此，当你想要规划一套有效的保湿护肤程序时，根据自己的皮肤类型遵循以下简单的指导方针。

油性皮肤

我要对油性皮肤的人说：你真幸运！油性皮肤通常意味着皮肤有更好的锁水能力。你的保湿步骤可以比干性皮肤的人简单得多。你的护肤要点以保湿剂为主，再辅以一些轻质的、对油性皮肤友好的油类（快速回顾如何选择面部润肤油，请参阅第 045 ~ 046 页）。另一个特别好的、可以一步到位的产品是含硅油的乳霜。挑选那些聚二甲基硅氧烷或聚二甲基硅氧烷交联聚合物排在成分表前列的产品，以获得轻盈、无负担的保湿感。

干性皮肤

产品叠加是你的不二之选！我们建议你同时使用多种产品，以满足皮肤状况变化时的需要。

保湿剂：先用补水效果好的精华液。虽然透明质酸等成分非常受欢迎，但我们建议你使用含有多种保湿剂的精华液，而不是只使用一种特定成分。

保湿霜：使用含有矿物油、凡士林或乳木果油等封闭剂的乳液或乳霜，而且这些成分在成分表中的位置要相对靠前（排在第 3 ~ 5 位）。

油膏 / 凡士林晶冻：准备一支，以解决这里或那里偶尔出现的局部皮肤干燥问题。

敏感性皮肤

原则 1：尽量精简护肤，并从“只用一种保湿产品”开始。更多产品意味着更多的潜在刺激。

原则 2：寻找能维持皮肤屏障的成分。模拟脂质的成分，如神经酰胺、胆固醇和脂肪酸，对你有更好的保湿效果，并让皮肤回到正常状态。其中神经酰胺尤其可以强化皮肤屏障，帮助皮肤保持水分，甚至保护皮肤免受外界环境的侵害。有研究表明，神经酰胺甚至对湿疹和银屑病患者有益(具体须咨询皮肤科医生)。在保湿产品中加入舒缓成分也是个好主意(第 155 页列出了一些我们很喜欢的舒缓成分)。

能再简单点吗?

以下内容绝对是把你需要知道的知识压缩到最少了。

爽肤水、精华水、化妆水、精华液和安瓿精华最多同时用 2 种：这些产品的主要成分大多是保湿剂，它们的优点也有相同之处。这点还挺奇怪的。步骤越烦琐就越难坚持，护肤这件事坚持才是关键。在这一大堆相似的产品中，我们建议只挑选 1 ~ 2 种就足以满足需求了。

不要贪心：所有人都希望有一款能一劳永逸的产品。但这有时候反倒会让你竹篮打水一场空。因此，与其想买一瓶能同时美白、提亮、抗衰老、保湿的精华液，还不如先选一款简单而有效的保湿精华液。记住：皮肤水润、健康最重要，然后再考虑其他需求。

牢记叠加顺序：如果你搞不清产品该如何叠加，记住这个顺序就行了：保湿剂→柔润剂→封闭剂。

环境变化答疑解惑

你需要哪种保湿产品？环境对此有着重要影响。你可能会发现，搬家或到一个陌生的地方度假会让自己的保湿需求也随之发生变化。需要纳入考量的因素包括室内外的温度、湿度。毕竟，走进一个室内温度过高的滑雪小屋时，你本就因冬季干燥而开裂的皮肤可不会感觉很好！

要去寒冷的北极？确保手头备有润肤油或油膏，它们可以帮你解决皮肤干燥、皲裂的问题。

要去热带度假？考虑使用无油的保湿凝胶或较轻盈的保湿霜。它们既能满足皮肤的保湿需求，又不会让皮肤在湿热环境中太闷、太厚重。

要去沙漠冥想？可以在你现有的保湿产品前增加保湿啫喱，或者在其后面叠加一层轻质的润肤油。这样可以缓解皮肤的紧绷、干燥、干涩。

“哇，皮肤可真是太多变了！我终于明白在滑雪旅行时我的皮肤为什么会像蛇皮一样干燥、起皮了！今年我一定会带支油膏来消灭“蛇皮”！”

备忘录
保湿产品要点总结

化学家指南

· 皮肤缺水会导致一系列的连锁反应，皮肤更容易出现炎症和皱纹。

· 皮肤是动态变化的，所以找到保湿剂、柔润剂和封闭剂之间的平衡点是很重要的，这也会解决皮肤的保湿问题。

· 在使用功效很强的活性成分之前，要先解决皮肤的保湿问题。

不同皮肤类型的入门保湿产品推荐

油性皮肤  保湿啫喱和水凝霜。聚二甲基硅氧烷等可以让产品更轻盈。

干性皮肤  较厚重的乳液和乳霜。要解决额外的小问题，手边得随时准备一款面部润肤油或油膏。

敏感性皮肤  试试成分简单的无香型乳液。

化学家的专业提示

· **凛冬将至**：当季节变化或皮肤状态变化时，尝试增加一款辅助产品（保湿啫喱或润肤油），而不是扔掉现有的保湿霜并让一切从头开始。

· **干得要命的飞机旅行**：盯准封闭性好的油膏。你需要做的是防止水分从皮肤散失，所以用一支好的油膏把水分锁住吧。

个人使用感受

至此，护肤并没有标准答案这件事已经很明确了。一切都取决于你目前的皮肤状况及什么对你有用。以下是我们对保湿产品的个人看法。

吕恒欣

我的皮肤类型会随季节变化而变化，有时候是中性或偏干性皮肤，有时候又是干得要命。在各个季节，我的主力保湿产品都是补水精华液。比起叠加 574 289 种不同的补水产品，我更喜欢只选择一种高保湿精华液，并且它还得由多种不同的亲水成分协同起效。当皮肤特别干燥时，我的护肤搭档里会增加一个以矿脂为基底的油膏。它看起来有点恶心，摸起来也是，但整脸涂满矿脂真的可以救我于水火之中。

我是混合性皮肤，挑选保湿产品真的是一件头疼的事。事实上，我通常会对“适合混合性皮肤”的产品持怀疑态度，因为它们往往还是太厚重了，有可能添加了让皮肤哑光的吸油粉末，它对皮肤并无长期益处。大量痛苦的试错后，我现在主要用轻盈的乳液，在我皮肤最油的时候它可以搞定一切。在比较干燥的日子，我会多加一层补水精华液（含大量的保湿剂）。这种能够微调护肤程序的做法优于只用一种“适合混合性皮肤”的产品，因为后者只是无功无过罢了。

傅欣慧

保湿产品常见问题解答

1

问：在干燥的气候下使用透明质酸会使皮肤更干，这是真的吗？

答：如果你只依赖透明质酸保湿，那这确实是个问题。在干燥的气候下，使用一些封闭剂来锁住水分吧！

2

问：经常用润唇膏，我的嘴唇是不是就不会自己保湿了？

答：在保持湿润这件事上，你的嘴唇天生"残疾"——嘴唇上没有皮脂腺。经常使用润唇膏并没有错，但如果你每天多次涂抹润唇膏后嘴唇还是长期干燥，那可能有更大的问题。好的润唇膏应含有大量的矿脂和油脂，较少的"凉飕飕"的成分，如薄荷醇和胡椒薄荷油。

3

问：我是油性和（或）痤疮性皮肤，含油的保湿产品会使我爆发痤疮吗？

答：这与产品有很大关系！那些"无油"的宣传语可能是护肤品中最没意义的说法之一。实际情况是，想要找出堵塞你的毛孔的产品和成分可能要费一番功夫。一定要做斑贴试验，这样才能找到你皮肤的敌人！

4

问：每个人都需要保湿产品吗？即使我这辈子从来没用过。

答：如果你从来没用过保湿产品，你的皮肤状况却一直很好，那请把你的 DNA 贡献给科学研究吧，这样我们就能破解完美皮肤背后的基因密码。言归正传，如果你的皮肤什么都没用过也还是好好的，那你就不需要用什么。但是，如果你注意到皮肤状态开始变得不太好，并想购买一些护肤产品，那就选保湿霜吧，基本上每套完美的护肤程序都离不开它。

防晒

阳光是引起皮肤老化的外部凶手，这是有科学依据的。阳光引起的衰老被定名为“光老化”。光老化与众多皮肤表现有着广泛联系，包括过早出现的细纹和皱纹、肤质变化、皮革状外观、色素沉着，光老化还会直接引起 DNA 损伤。但一些人（包括我们俩）又极度向往那种日晒后的健康小麦色肤色。防晒霜并不是配方最棒的产品，它往往是黏糊、煞白、厚重、油腻的，甚至还有股特殊的味道。在海滩上涂防晒霜并不会让人联想到迷人的迈阿密海滩生活，而是容易让人联想到一个鼻子白得发亮、总是散发着防晒霜气味的大叔。但只要找到最适合你的防晒霜，就能解决这个问题了。从长远来看，更好的防晒习惯会塑造更好的皮肤。这才是真正的抗衰老！在这部分，我们会教你利用喜欢的防晒产品进行有效防晒。让我们重新点燃你对防晒霜的热情吧。

为什么要用防晒产品

为了不得皮肤癌。感谢阅读，这部分内容到此结束……好了好了，准备好开始复习很多你已经知道的事情吧。对于最懒惰的护肤品使用者来说，如果只有一件事必须做，那就是防晒。是的，防晒比保湿更重要！比洗脸更重要！保护好你的皮肤吧！

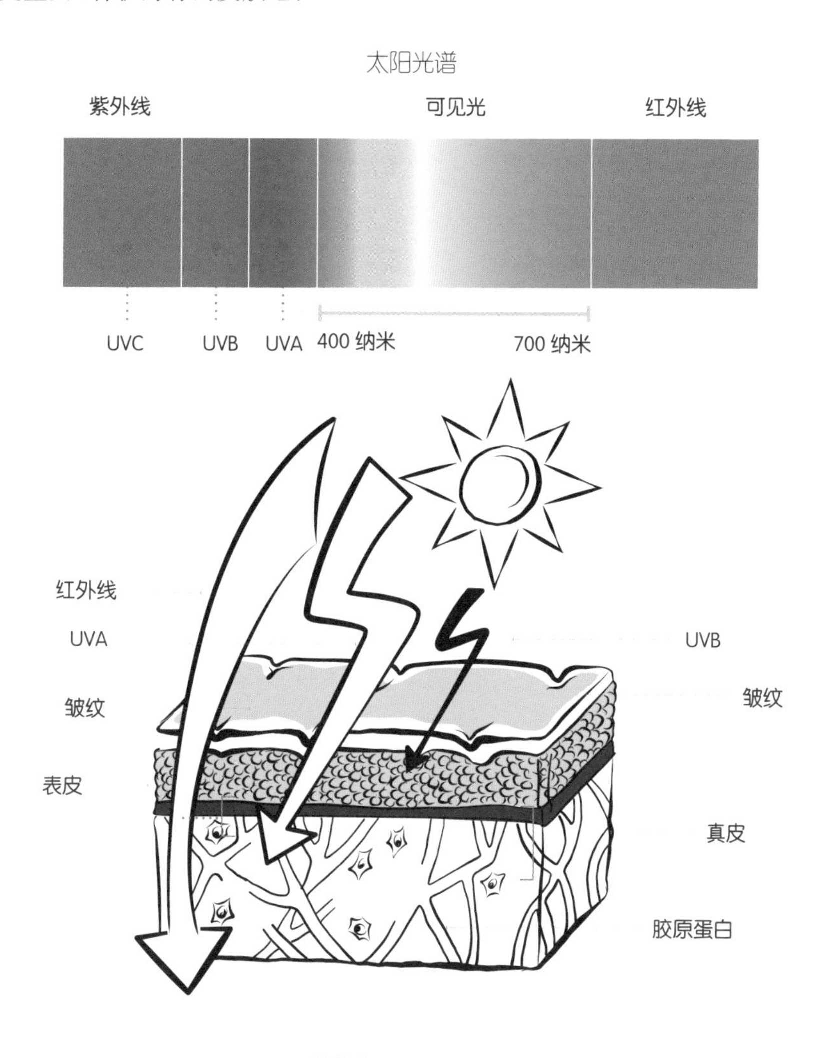

阳光中有两种会导致皮肤损伤的紫外线

太阳是一个巨大的核反应堆，它辐射的光谱很广，包括可见光、红外线（能量）和紫外线。在这 3 种射线中，紫外线是造成皮肤损伤的主要射线，皮肤损伤的最终表现是过早的光老化。

实际上，紫外线有 3 种，了解它们的区别是有用的，因为防晒霜会针对不同紫外线发挥防护作用。

UVC：3 种紫外线中波长最短的一种。幸运的是，这种紫外线会被大气层过滤掉，因此我们可以放心地忽略它。

UVB：波长居中。在能照射到我们皮肤的紫外线中，UVB 占 5%，与 UVA 相比，它的波长较短，因而只能到达表皮。UVB 会造成晒伤和延迟性晒黑（黑化），是皮肤癌的致病元凶。

UVA：3 种紫外线中波长最长的。在能照射到我们皮肤的紫外线中，UVA 占 95%。UVA 可以一直到达真皮层，会造成深层光老化，加剧皮肤癌的严重程度。可以这样便捷记忆：B 会 Burn（晒伤），A 会 Aging（老化）。

维生素 D 只能通过晒太阳来获取吗？

在全球范围内，维生素 D 缺乏症的发生率越来越高。有新的问题出现，也会有新的解决方案产生。与其依靠晒太阳去合成维生素 D，不如考虑从食物（鱼、蛋、奶）中摄取更多的维生素 D。服用维生素 D 营养素补充剂也很有效。相比计算自己需要晒多久阳光，然后冒着皮肤晒伤的风险去晒太阳，我们更喜欢营养素补充的方案。为什么要让皮肤冒险呢？

有阳光的场合

这个命题听起来可能有点蠢。但如果要讨论的问题是“照射了多少阳光”，那场合可就非常关键了。让我们看看几个不同的“阳光方案”吧。

在山上。海拔越高意味着大气越稀薄，也意味着更多的紫外线暴露。你去滑雪的时候，千万要涂防晒霜。

在飞机上。飞机飞得越高，紫外线肯定越强。如果在飞机上靠窗坐，需要担心紫外线过量吗？飞机窗户由有机玻璃制成，它们确实能阻挡一部分紫外线，但仍会有一部分 UVA 穿过它。你可以做的是拉下遮光板，戴上眼罩，服用大量褪黑素，涂上保湿霜，把自己遮挡严实，喝水，并好好休息！

阴天。阴天指天空中的中低云层多于 95%，这时能照到皮肤的阳光当然也较少。不过，虽然可见光和红外线减少了，紫外线仍能损害你的皮肤。你仍需要使用防晒产品，特别是你外出活动时。

少云。少云天气时会出现一种有趣的现象：当云恰好处于合适的位置或云虽然不完整但一块块的足够密集时，它们不仅会散射紫外线，还会使紫外线强度提高（可增加 25%）。

开车或室内工作。汽车玻璃或办公室、家里的玻璃窗可以阻挡 UVB，但不能阻挡 UVA，所以你仍然会被紫外线照射到，你的皮肤仍会老化。

防晒产品简史

回顾防晒的历史可以发现，防晒更多是出于审美需要，而非防晒伤的需求。许多文化都有着对白皙皮肤的相同偏好。为了防止晒黑，古埃及人使用米糠、茉莉花和羽扇豆等天然成分，古希腊人使用橄榄油。在缅甸，人们使用黄香楝粉（一种树皮磨碎后做成的膏状物）来让皮肤变光滑，防止痤疮及晒伤。一直到 20 世纪初，许多药剂师还会用橄榄油和扁桃仁油来调配防晒霜。

20 世纪，防晒霜开始商品化，并加入了真正的防晒剂，如氧化锌和水杨酸苄酯。法国化学家、欧莱雅公司的创始人欧仁・舒勒（Eugène Schueller）首先研制出了真正的化学防晒霜。我们还必须感谢奥地利化学家弗朗兹・格莱特（Franz Greiter），他不仅研发出第一个真正有效的防晒配方，还创造了今天仍在使用的防晒系数（SPF）。从古至今，除了外用防晒化妆品外，人们为了防晒也会穿着特定的服装。遮阳伞、软檐帽，再到可怕的皮制防晒面罩，这些都在史料上留下了图片和文字记载，由此可见，长久以来人们就知道阳光有多危险！

“那么，这就是防晒的全套装备了？……我觉得咱们还是涂防晒霜吧！”

皮肤癌的主要诱因：过多的日晒

UVB 是皮肤晒伤的罪魁祸首，最终甚至会导致皮肤癌。它的波长很短，这意味着它能量很高，高到可以直接伤害你的皮肤细胞乃至 DNA。这就是如果晒伤超过 5 次患黑色素瘤的风险会翻倍的原因。

除了直接损伤外，UVB 和 UVA 还可导致产生更多自由基，从而诱发伤害。自由基极易参与化学反应，它们会无差别地攻击皮肤细胞、蛋白质、DNA，造成长期伤害。

“等等！我的抗氧化精华液说它能阻止阳光伤害。难道抗氧化剂就是防晒霜吗？”

不，抗氧化剂并不等于防晒霜。但你可以这样理解：防晒剂可以阻止自由基的产生，抗氧化剂可以结合已产生的自由基。那么，防晒剂和抗氧化剂就可以组合在一起生效了。想要了解抗氧化剂的更多知识，可参阅第 128 ~ 131 页。

过多的日晒是皮肤早衰的头号外因

除了增加患皮肤癌的风险外，日晒也会造成皮肤老化，而且是皮肤老化的主要原因。紫外线对皮肤的伤害会导致一切你不想要的后果：下垂、粗糙、皮革样增厚、色素沉着、皱纹、暗沉等。阳光损伤皮肤时会触发皮肤中的炎症反应，使成纤维细胞被激活并开始分解胶原蛋白。与此同时，皮肤还会启动另一种防御机制，表现为皮肤开始变厚，黑素小体过度产生而出现色素沉着。干燥、暗沉、粗糙和皱纹都是长期损伤的结果。即使是健康的日晒小麦色，也表明你的皮肤正在抵御阳光伤害。事实是，紫外线损伤是皮肤早衰的一个重要因素，并产生了一个专门的术语——光老化。

过多的紫外线暴露会引发成纤维细胞分解胶原蛋白

希望我们还不至于把你吓得躲起来不见天日。归根结底，我们只是想强调要养成良好的防晒习惯。在一套可靠的护肤程序中，防晒是非常重要的一步，而且从长远来看，它将为你节省大量用于护肤和美容的成本。这就是我们认为防晒霜是“终极抗衰老产品”的原因。

防晒霜的科学

防晒霜可以吸收有害的 UVA 和 UVB，这样皮肤就因不会再吸收紫外线而受到保护了。很多人认为防晒霜只是物理性地阻挡阳光，但其实并非如此。防晒霜的防护原理是吸收紫外线后将吸收到的少量能量以热能的形式散发出去。在美国，因为防晒霜可以降低患皮肤癌的风险，所以它们是受美国食品药品监督管理局（FDA）监管的。你可以在美国市面上的防晒霜上看到“防晒剂含量”的标签，而不用在成分表的一堆乱七八糟的化学名词中寻找防晒成分。

挑选适合自己的防晒霜时，记住要核对 3 个重要指标：UVB 防护能力（SPF）、UVA 防护能力（PA）、质地。

UVB防护（SPF）

SPF 值并不等同于防护力。比较 SPF 30 和 SPF 15 的防晒霜，人们会误以为前者的防护力是后者的 2 倍。但 SPF 值并不是这么计算的。SPF15 的真正含义是，在正确使用的情况下只有 1/15（约 7%）的 UVB 能透过防晒膜，也就是说它可以阻挡约 93% 的 UVB。同理，SPF30 的防晒霜可以阻挡约 97% 的 UVB。所以，SPF30 的防晒能力并不是 SPF15 的 2 倍。一个有趣的事实！SPF100 的说法

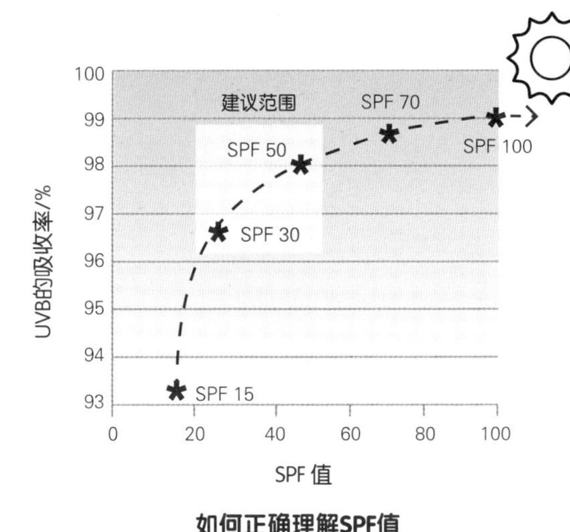

如何正确理解SPF值

（记住，这里讨论的只是UVB）

在欧盟是被禁止的，因为它有误导的嫌疑，暗示人们防晒霜可以阻挡100% 的 UVB。SPF 值在实际生活中有什么用？日常生活中，我们建议选择 SPF30 ~ 50 的防晒产品，这样容易使防护力与优秀质感达到平衡。

UVA防护

SPF 值只描述了紫外线防护的一部分，也就是 UVB 防护部分。针对波长更长的 UVA，你同样需要适当的防护。UVA 不会晒伤皮肤，但它会比 UVB 穿透到皮肤更深层，它也是光老化的主要元凶。在美国，防晒霜上的“广谱”字样表明它经过了 UVA 防护的功效测试。

SPF 是一个全世界普遍使用的系数，但 UVA 防护的标识在各个国家、地区是不同的。中国、日本等国家使用 PA 值表示 UVA 的防护等级，其中 PA+ 等级最低，PA++++ 等级最高。在欧盟地区，一款防晒霜如果具有与 PA+++ 防晒霜同等的防护等级，那么产品包装上会印有“UVA”标识。这是美国防晒霜有点落后的又一证据。

辟谣！所有其他射线

UVA 和 UVB 只是太阳光波中的两种，但我们注意到宣称产品“全光谱防护”已成为一种趋势。你不用过分担忧其他射线，也不必太在意这种宣传语。以下为你逐一解析。

UVC 防护：UVC 的热能比 UVB 还要高，所以这一定意味着 UVC 会引起更严重的晒伤，你是这样认为的吧？事实是 UVC 已经被平流层和臭氧层吸收了，所以不用理会它。

蓝光：需要保护自己免受手机和电脑的伤害吗？放心吧，电脑屏幕发射的蓝光远少于你在阳光下照到的蓝光。大多数声称能保护你免受蓝光影响的成分都是抗氧化剂，没什么新意可言。我们是不会专门买蓝光防护产品的。

红外线：红外线比 UVA 能穿透到皮肤更深处。一些研究表明，长期的红外线照射会损害皮肤。该怎么办呢？抗氧化剂可以抵御任何潜在的自由基损伤。翻到第 127 页和第 159 页，学习如何为自己的护肤程序挑选抗氧化剂。

质地为王

我们要告诉你一个真相：调配防晒霜就像在耳边嗡嗡作响又打不到的蚊子或脚心上的蚊子包 ——烦死人了。配方师在调配配方时面临着各种挑战，而你使用防晒霜时也能感受到它们的质地是多么难以掌控。很多防晒霜都会让人觉得油腻、厚重，让脸看起来像戴着白色面具。尽管防晒霜在保护皮肤方面有着诸多好处，但它太难相处了。这就是我们一直强调防晒霜的质地最重要的原因。如果要获得足够的防晒效果，需要用多少防晒霜呢？如果全身涂抹，大约需要半玻璃杯的量（30 克）；如果只用在脸部，大约需要一枚硬币的量（1 克左右）。牢记这个用量，同时也要牢记质地更好的防晒霜效果才更好，只有这样你才愿意每天使用，并且每 2 小时补涂一次。不要在高到离谱的 SPF 值上浪费金钱、精力，它的质地会让你难受到崩溃。好消息是，现在不再是“除了难用的防晒霜，别无选择”的时代了，市面上有各种各样供选择的防晒产品！让我们细数一下，祝你找到真爱！

“化学家的告白”：购物指南

珊瑚礁与防晒霜

有两种防晒剂（二苯酮 -3 和桂皮酸盐）对珊瑚礁有不良影响，它们因而被夏威夷禁用。研究表明，这两种防晒剂不仅会导致珊瑚白化，还会影响珊瑚繁殖、导致年轻珊瑚畸形。

这样来看，与全球变暖等更大的问题相比，防晒剂的影响还算是小的。但既然有其他可替代的防晒剂，那么我们还是尽自己的一份力来保护珊瑚礁吧。如果你真的打算去珊瑚礁浮潜，为了保护地球，请选择防水的纯物理防晒霜。

认识你的防晒霜

广谱：表示可防UVA。在美国，产品包装上只有一个简单的“bro”（广谱）标签。在亚洲国家，寻找产品包装上的“PA+”标签即可。

在这里你会看到列出的有效防晒成分。

bro（广谱）

SPF
（防晒系数）

有效成分：
防晒剂
%
%
%

使用方法：
每2小时
补涂一次

有效期至：_/_

一定要记得补涂！

正面

背面

防水：先测试皮肤在水下晒伤所需的时间，再测试防晒霜的防护力如何。在美国，防水测试只有40分钟和80分钟2种。

防汗：与防水测试类似，测试者需在汗蒸房中待40分钟或80分钟。

有效期：不是所有的包装上都注明了有效期，所以你得自己写上去。防晒霜过期了就赶紧扔掉。

化学家的防晒产品选购指南

涂防晒产品是护肤的最后一步。不用管你喜欢的产品是什么类型，重要的是选择你喜欢的东西，并能坚持足量涂抹！

防晒棒 / 防晒膏： 压缩型产品，适合旅行时携带。

防晒粉： 很方便，特别是对化妆的人来说。但想要用它均匀地遮盖面部还是有难度的。

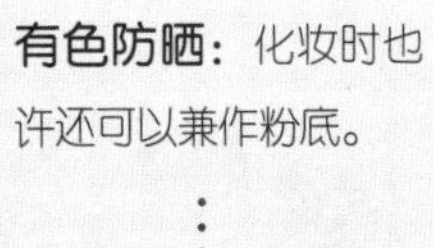

有色防晒： 化妆时也许还可以兼作粉底。

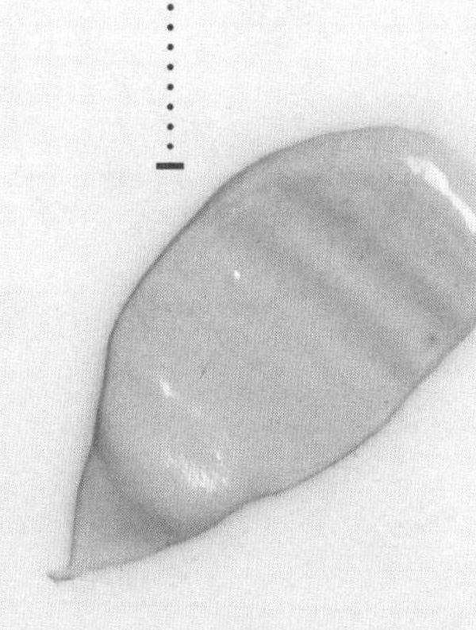

防晒霜或防晒乳： 适合每天使用。

防晒油：帮你轻松获得“被阳光亲吻”后的色泽，缺点是包装很容易漏油。

防晒喷雾：操作简单、易于补涂，但可能让人觉得太干燥。最好是先把喷雾喷在手心里，再涂到皮肤上，这样比直接喷更均匀。

应用

防晒霜真是让人左右为难的产品：你必须用它，但它从质地到使用都会出现各种各样的问题。它往往过分油腻、让人油光锃亮、味道难闻或黏糊糊的，要不就是使你的肤色惨白。你有可能想买 SPF 值较高的防晒霜，但我们建议你买可以坚持每天用的那种。相比每隔一段时间才使用高 SPF 值的产品，更管用的其实是坚持每天使用低 SPF 值的产品。我们建议你查看防晒产品的类型和防晒剂成分表格，了解有哪些产品可供选择。

一般来说，你可以在商店里买到 7 类防晒产品。

防晒霜、防晒乳：最基本的两种防晒产品。不同产品的质地差异很大，

注意分辨其中含有什么防晒剂，这样会帮你排除一些产品以缩小选择范围（查看第 080 页，学习如何按防晒剂选择产品）。

防晒油：很适合在海滩上使用，或为了获得美丽的皮肤光泽的人使用。和其他油类产品一样，防晒油不是最适合旅行的产品。准备好面对油渍（漏油）吧。

防晒喷雾：清爽，适合重复使用。要知道，在防晒性能测试中，测试人员是先将防晒喷雾喷在手上，再涂到身体上，这样才能掌握合适的用量，并把防晒喷雾用得均匀，所以不要把防晒喷雾直接喷在身体上。

防晒粉：我们不会选择防晒粉，因为根本不知道得用多少才能达到足够的防护效果。有时候，在你的底妆下加一层防晒霜是最好的办法。

防晒棒：太适合旅行时携带了。嘴唇防晒也用得上，但会有油腻感。

含有防晒剂的保湿霜：不想涂太多层？对懒人来说它是最理想的产品。确保你涂得足够多，你要把它当作防晒霜而不是保湿霜来计算涂抹用量。

为了方便你解决问题和缩小搜索范围，我们列了 4 个需要关注的方面。

化学防晒与物理防晒：防晒剂分为两类：有机（化学性）类和无机（物理性）类。化学性防晒剂是液态的，只能吸收紫外线；物理性防晒剂是固体的矿物，其防晒原理主要是吸收紫外线，同时也能反射和散射紫外线。化学防晒霜的质地更好，不容易留下白色痕迹，但并不适合每个人，因为可能会对一些人造成刺激。要想做出选择就得先了解你使用的防晒剂。在第 080 ~ 081 页，我们提供了一个防晒剂比较表。

皮肤类型：毫无疑问，防晒霜的油腻是油性皮肤和痤疮性皮肤人群的痛点。我们建议他们购买亚洲和欧洲的防晒产品，因为它们的质地更轻盈。事实是，被美国批准使用的防晒剂相当有限，因此美国防晒霜的质地比不过其他国家的。我们发现，含有桂皮酸盐的防晒霜通常会更轻盈，只要你别在大堡礁周围游泳时用就行。物理防晒霜可能很好用，也可能很难用，视具体产品而定。如果你想选物理防晒霜，氧化锌的质地会更保险。如果想避免防晒霜让皮肤泛白，可选化学防晒霜或经纳米化处理的物理防晒霜。

SPF 值： 我们建议你选 SPF30 ~ 50 之间的产品，哪种都行。我们发现，SPF50 是“不错的防护力”和“还算轻盈的质地”之间的平衡点，但有的时候 SPF30 可能更理想。如果你选了高 SPF 值的防晒霜却被泛白、质地不好、刺激皮肤等问题困扰，那我们想再次告诉你，经常使用较低 SPF 值的防晒霜比偶尔用较高 SPF 值的防晒霜的防护效果更好。记住，质地为王。

叠加还是不叠加？ 有时候，叠加使用的效果反而不好。如果你打算叠加使用，需要保证防晒膜的完整性以确保防晒效果良好。一定要把涂防晒霜放在护肤程序的最后一步，而且要在给保湿霜留出足够的干燥时间后再涂防晒霜。

辟谣！

严正警告：不要自制防晒霜

根据 FDA 的规定，防晒霜在美国被认定为非处方药（OTC）。这意味着你在美国商店货架上找到的任何防晒产品都已通过了功效测试。自制防晒霜通常使用的是氧化锌，这是一种有效的广谱防晒剂。然而，如果没有适当的调配和正确的制造设备，氧化锌可能无法分散成一层均匀的薄膜，这会导致防晒霜在皮肤上留下一块块的痕迹，而且防护力不足。我们在电商网站上看到了很多宣称安全、不含化学性防晒剂的防晒霜，但它们的保存方式很可疑，而且已经开始分层了。千万别使用没有防护力的防晒霜，患皮肤癌可不是开玩笑的！

对于懒人来说，带有防晒功能的保湿霜是不错的选择。一步到位形成的防晒膜不易被破坏。但要确保产品的使用量是足够的，并且要重复涂抹。记住，你在用的是防晒霜而不是保湿霜。

解读菲茨帕特里克皮肤类型量表

你是否曾对皮肤科医生是如何对肤色进行分类的感到好奇？从没有？好吧，我们要在这里告诉你。

在菲茨帕特里克（Fitzpatrick）皮肤类型量表中，皮肤按肤色分为 6 个类型。这种划分看起来可能太宽泛了（谢天谢地，菲茨帕特里克博士没有试图推出粉底系列），但它实际上代表的是你的皮肤对阳光的反应。在量表中，肤色较浅的人（左侧）容易晒伤且患皮肤癌的风险较高，右侧的深肤色人群则更易晒黑而不是晒伤。总而言之，皮肤白皙的人容易晒伤且患皮肤癌的风险更高，皮肤较黑的人更容易晒黑而不易晒伤。所以不难想象，一支好的防晒霜需要适用于多种不同皮肤类型的人。

很重要的一点是，深肤色的人晒伤的概率更小，但这不意味着紫外线就不会伤害他们的皮肤。养成用防晒霜的习惯，远离皮肤癌！

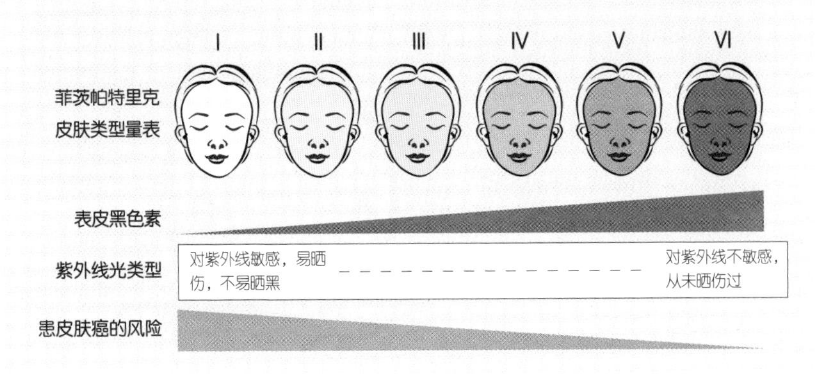

提升防晒级别

你喜欢户外活动吗？如果喜欢，你的选择就不能局限在全身涂满防晒霜。你还可以用物理防晒装备进一步保护自己。

防晒服：告诉你一个有趣的事实：防晒服也要进行防晒功效测试以得到 UPF 系数。UPF 系数代表对 UVA 和 UVB 的防护能力，计算方法是在给定剂量的紫外线照射时测量有多少紫外线穿透了防晒服。例如，UPF10 意味着有 1/10 的紫外线穿透了防晒服，UPF20 意味着有 1/20 的紫外线穿透了防晒服，依此类推，UPF 值越高，代表防晒服的防护效果越好。对于长时间在户外活动的人来说这很重要！

遮阳伞：我们常听到这样的问题："我如果坐在遮阳伞下，没有涂抹防晒霜，那我也算是做了防晒，对吗？"有趣的是，的确有人把防晒霜和遮阳伞的防晒效果进行了比较。强生公司就对此进行了一项对比试验，试验地点是阳光明媚的得克萨斯州。研究者把试验者分成两组，一组只涂防晒霜，另一组只用遮阳伞。他们发现，相比涂防晒霜的人，会有更多坐在伞下的人晒黑和晒伤。这是为什么呢？即使你坐在阴影里，你的身体也仍然暴露在紫外线下，因为紫外线会被地面等反射。总而言之，使用遮阳伞时，阴影确实可以提供一些防晒效果，但这种防晒措施的防护力并不全面。

防晒霜的令人震惊之处

关于化学性防晒剂的争议

整体来说，化学性防晒剂并不是“纯净护肤”所远离的那种有毒化学品。如前文所述，它们其实就是一类可以吸收阳光、以碳为基础的分子，因此它们也是有机的。通常来说，化学性防晒剂的工作原理是吸收紫外线，然后将吸收的能量以热能的形式散发出去。化学防晒霜往往质地更佳，更适合油性、易生痤疮的皮肤，在深色皮肤上留下白色痕迹的可能性也低得多。当然，化学性防晒剂并不是完美的，它们对皮肤造成刺激的可能性略高，而且有几种成分因损害珊瑚礁而引起了人们的担忧。

此外，2020 年我们在写这本书时，当时的最新发现表明，化学性防晒剂会渗入人体的血液。FDA 测试了 7 种化学性防晒剂，发现它们都会渗入血液，且浓度远远超过 0.5 纳克 / 毫升的安全阈值。尽管这听起来令人震惊，但除了血液中防晒剂的浓度超标外，目前还没有有关其安全性的定论。我们不知道这个结论是否真的意味着化学性防晒剂不安全。0.5 纳克 / 毫升的浓度阈值在此之前更像是一个通用的安全限制，但现在却受到质疑。每种不同的成分是否需要有各自不同的安全阈值呢?

虽然关于化学性防晒剂的争议持续不断，但别忘了紫外线才是我们真正的敌人。FDA 并没有禁用化学性防晒剂，其所做的研究只是监管部门在努力研究防晒产品的安全性。我们迫切地等待更多的研究进展。与此同时，原则不变——坚持使用防晒霜!

认识防晒霜的成分

多留意防晒霜的成分可以帮你规避那些潜在的有损皮肤的成分，让你发现更适合自己的防晒剂。以下的成分速览表可以帮助你了解目前常见的防晒霜成分，了解自己正在用的防晒产品，也可以为你下次购买提供参考。

	美国批准的有机（化学性）防晒剂					
商品名	Avobenzone	Homosalate	Octisalate	Octocrylene	Oxybenzone	Octinoxate
化学名*	丁基甲氧基二苯甲酰基	胡莫柳酯	水杨酸乙基己酯	奥克立林	二苯酮-3	桂皮酸盐
UVA/UVB	UVA	UVB	UVB	UVB	UVB	UVB
结论	在这些化学性防晒剂中，能防护UVA的广谱防晒剂只有丁基甲氧基二苯甲酰基（阿伏苯宗）。另外，这些化学性防晒剂都是油溶性成分，这导致我们这些可怜的化学家必须要努力用一桶厚重的、难以搭配的、有时候不稳定的油状物去制造轻盈的、讨人喜欢的、可以一层一层叠加使用的防晒霜。这真是一场艰难的战役					

*根据化妆品成分国际命名法。

亚洲和欧洲批准的有机（化学性）防晒剂

商品名	Tinosorb S	Tinosorb A2B	Uvinul T 150	Uvinul A Plus	Ecamsule，Mexoryl SX
化学名	双–乙基己氧苯酚甲氧苯基三嗪	三联苯基三嗪（在中国尚未获批准——译者注）	乙基己基三嗪酮	二乙氨羟苯甲酰基苯甲酸己酯	对苯二亚甲基二樟脑磺酸
UVA/UVB	UVA/UVB	UVA/UVB	UVB	UVA	UVA
结论	瞧吧，这张表格列满了我们不能在美国使用的好东西。其中一些成分是水溶性的，所以你在欧洲和亚洲可以买到很轻薄的防晒霜，而美国的防晒产品就做不到这点。当然，这里所列的并不是这两个地区批准的所有防晒剂，我们只列出了最常见的一些				欧莱雅公司的专利成分，即使在美国的防晒霜里也能找到它

无机（物理性、矿物）防晒剂

化学名	二氧化钛	氧化锌
UVA/UVB	UVA/UVB	UVA/UVB
结论	这两种物理性防晒剂在全世界范围内都可以使用，并常被推荐给敏感性皮肤人群，它们的另一个优势是不会面临会破坏环境或会渗入血液之类的争议。缺点是它们很容易在皮肤上留下白色的痕迹。如果经过了纳米化处理，泛白程度会有所减轻。但也有人担心纳米级的物理性防晒剂的安全性，不过这种担忧还没有被科学证实	

备忘录

防晒产品要点总结

化学家指南

· 大部分人都没有使用足够量的防晒霜。放心地多用点吧！

· 遵循使用说明，并每隔两小时补涂一次。如果你要在水中待很久，那么就用防水型防晒霜。

· 选择 SPF30 ~ 50 的产品。

· 确保防晒霜可以同时防护 UVA 和 UVB。包装上标注“PA”“UVA”或“broadspecturm”（广谱）的防晒霜可以防护 UVA。

不同皮肤类型的入门防晒产品推荐

油性皮肤  质地较轻薄的化学防晒霜。

干性皮肤  质地略厚的防晒霜，不含大量酒精或吸油粉体。避免“哑光”防晒霜。

敏感性皮肤  无香精的物理防晒霜。

化学家的专业提示

· 防晒霜泛白？试一试化学防晒霜。如果你是敏感性皮肤，那么可以尝试 SPF30 的纯物理防晒霜。

· 叠加涂抹防晒霜的时候很容易起白屑或“搓泥”？试着选一款硅含量较少的防晒产品。

个人使用感受

至此，你会发现护肤这件事并无标准答案，与之相关的只有两件事——你目前的皮肤状况及什么对你有效。以下是我们关于防晒的个人经验。

吕恒欣

我的防晒习惯一直非常不好，直到……直到我成为一名护肤品化学家，我才真正知道防晒的重要性。鉴于我是干性皮肤，我没有那么嫌弃油腻的质地，只要它们不油到反光。不过，我不太喜欢物理防晒霜。物理防晒霜里的矿物粉末会让我的干性皮肤更干燥，皮肤更容易簌簌掉“渣”。而最近的那些有关化学性防晒剂的争议让我迫切地想知道有没有更好的防晒霜即将问世！

我一直都在与防晒霜斗争。我不想让皮肤看起来更油，而一些“干爽”的防晒霜又会加重我的痤疮。对我这种人来说，物理防晒霜似乎是个解决办法，然而实际情况是很多物理防晒霜会让我的肤色惨白。它们为什么这么难搞定？唉！亚洲产的防晒霜的质地、光泽和色泽更符合我的需求，但它们中的一些有提亮功能，会让皮肤看起来更白，所以我还在不断尝试不同的产品，以及不断“踩雷”。

傅欣慧

防晒常见问题解答

1

问：我怕晒太阳，我需要使用 SPF100 的防晒霜吗？

答：一般来说，如果你想获得更多的保护，SPF50 或 SPF50+ 就足够了，它们会阻挡 97% 以上的紫外线。想阻挡更多的紫外线将意味着你必须忍受涂抹更厚重、油腻且泛白的防晒霜。其实你更需要在意的是自己能否坚持使用防晒霜。每天涂抹自己喜欢的防晒霜的效果胜过偶尔强忍着使用 SPF100 的防晒产品。

2

问：我仅在早上通勤时晒了 10 分钟太阳，下班时还需要补涂防晒霜吗？

答：防晒霜不像电池一样有储备，它不能让你先用 10 分钟，然后把剩下的防护作用储存起来，防晒膜的作用只能维持 2 个小时而已。所以，下班前一定要补涂防晒霜。

3

问：我应该如何涂抹防晒霜？

答：涂防晒霜是护肤程序的最后一步。在防晒膜上涂抹任何东西都有可能破坏它，并使防晒能力降低。

4

问：如何兼顾化妆和防晒？

答：这是一个好问题，但可惜的是并没有标准答案。防晒粉似乎就是为解决这个问题而生的，但我们并不推荐使用防晒粉。要确认化妆时究竟使用了几克防晒粉是很难做到的。我们建议的替代方案是在粉底上使用面部防晒喷雾，最佳解决方案则是使用 CC 霜或 BB 霜而不是粉底。

5

问：我担心防晒霜就是引起痤疮的原因！

答：使用质地更好的产品，欧洲和亚洲的防晒霜质地更轻薄！

6

问：我的防晒霜只用了一次，后来再也没用过，但它现在过期了，还能用吗？如果扔掉，感觉好浪费啊。

答：不要再用了！防晒霜本身就是配方特别复杂的东西，过期会让它变得更复杂。该扔就扔。

7

问：我的防晒霜看起来好像冒油了。

答：再强调一次：防晒霜该扔了！

第二部分 功效护肤

089 超越基础护肤
097 化学去角质成分
111 类维生素A
127 维生素C
141 烟酰胺
153 其他活性成分

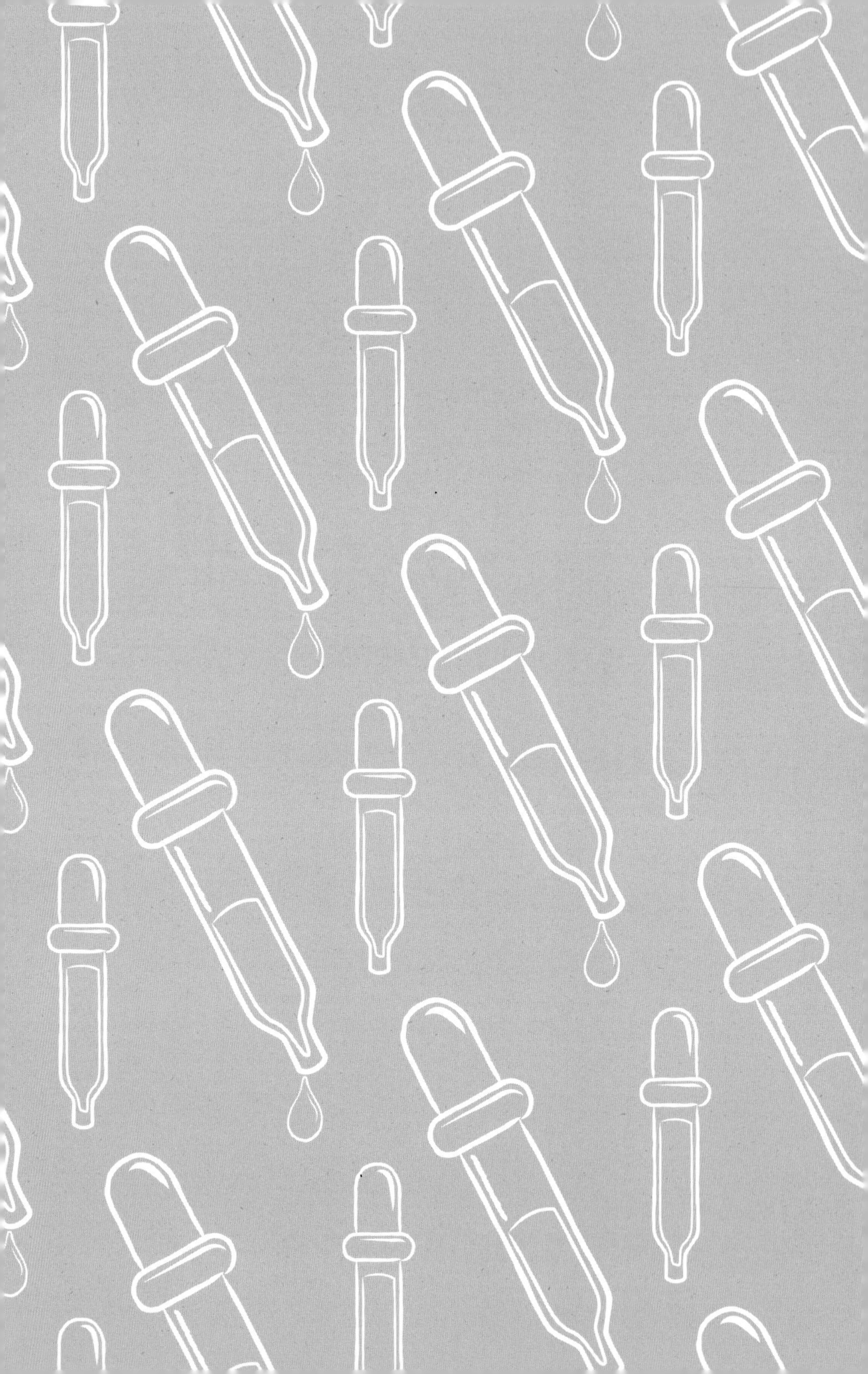

超越基础护肤

所有理论上对你的皮肤有长期功效的成分和产品都属于功效护肤的范畴。想想你每天的护肤程序：洁面、保湿、防晒，以及基础保养。功效产品指的是针对皱纹、色素沉着、皮肤松弛、肤色和肤质等皮肤核心问题的产品。这是一类充斥着魅力（咳咳！金钱）的产品，也是护肤中最令人费解的产品之一。说到底，虽然所有花里胡哨的精华液都被吹捧得天花乱坠，但实际上它们并没那么神乎其神。事实上，很多被包装得光鲜亮丽的活性成分都是华而不实的。配方师需要懂行才能调配出在保质期内保持性能卓越、稳定的产品。但想要有效地使用这些产品，你也得懂点儿门道。还好你有我们，对吧？让我们一起超越基础护肤！

令人费解的活性成分

每一种针对皮肤问题的功效成分或精华液背后其实都藏着“英雄”成分，我们化学家称其为活性成分。活性成分能给皮肤带来长期功效，使品牌方得以宣称“留住青春”“容光焕发”。护肤品行业充斥着这些强力成分，但人们却很难搞清楚这些成分到底对皮肤有什么用。很多活性成分的功效分类并不明确，因此你会发现有些成分身兼多职，而另一些成分的分类仅体现了它们真实效用的冰山一角。看看下图中混乱的指示箭头，你就会明白活性成分有多么令人费解！

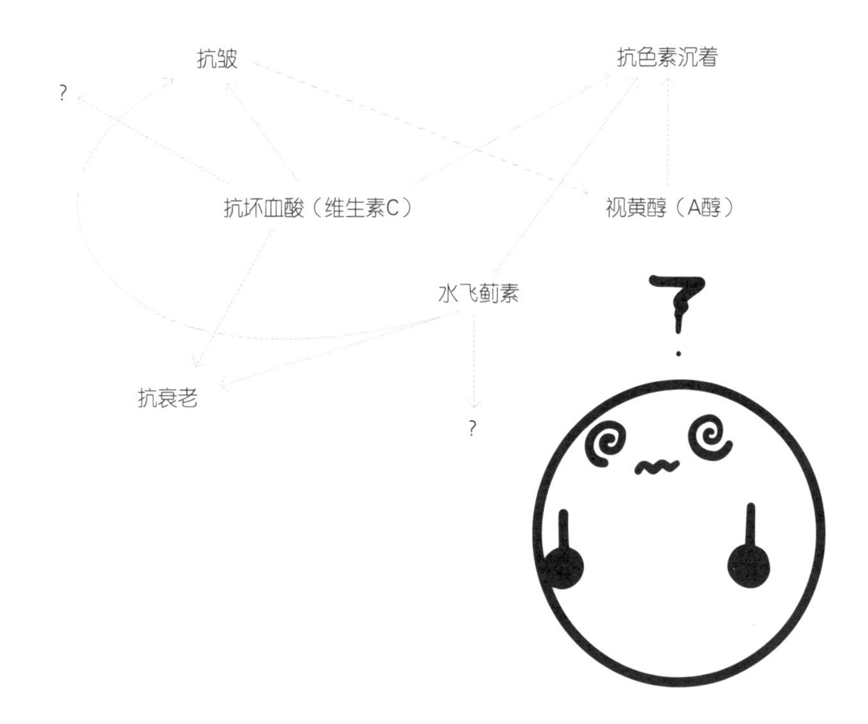

只是几种活性成分就已经让你眼花缭乱了，更不用说还有成千上万种鱼龙混杂的活性成分，这可不是闹着玩的。怎么会变成这样？

你最喜欢的精华液中的活性成分通常都符合以下宣传套路：

异域传说法。有时候，一个引人入胜的起源故事就足以让你坚信某种花草提取物是你命中缺失的奇迹创造者。所以，用它来解决痤疮、炎症和色素沉着等皮肤问题，看看效果如何吧。这些产品往往被宣传得神乎其神，但实际效用却令人失望。

涓滴效应法。如果某种成分在食品、医药或航天工程（没开玩笑！）中颇有声誉，那为什么不试着把它放到保湿霜里呢？这些成分对皮肤的实际效用常常言过其实。

广撒网法。也有些成分是专门为了声称的功效而设计的，所有你能想到的护肤效用，这些成分全被拿来试过。这就是某种成分会同时兼具多种功效的原因，这使得理解活性成分难上加难。

如你所见，即使不考虑皮肤问题和皮肤类型，单单是选择正确的活性成分就已经需要做很多功课了；更何况活性成分中充斥着大量不管用的成分，这使得情况愈加复杂了。我们可以详细地列出护肤品活性成分花名册，但那样的话，这本书就会变成一部厚厚的百科全书。还是为大自然多留几棵树吧。

所以，别担心！我们只会简单地纵观全局，看看哪些是真正有价值且已证实有效的功效成分。我们会解答以下问题：

· 活性成分怎样才算是“已证实有效”？

· 从化学家的角度来看，最好的活性成分是什么？

· 如何将重要的功效成分融入护肤程序中？

寻找真实功效

我们所说的“已证实有效”是什么意思呢？其实，科学家们有很多不同的方法来测试活性成分，以验证它们对皮肤的真正效用，以下是最常见的几种。

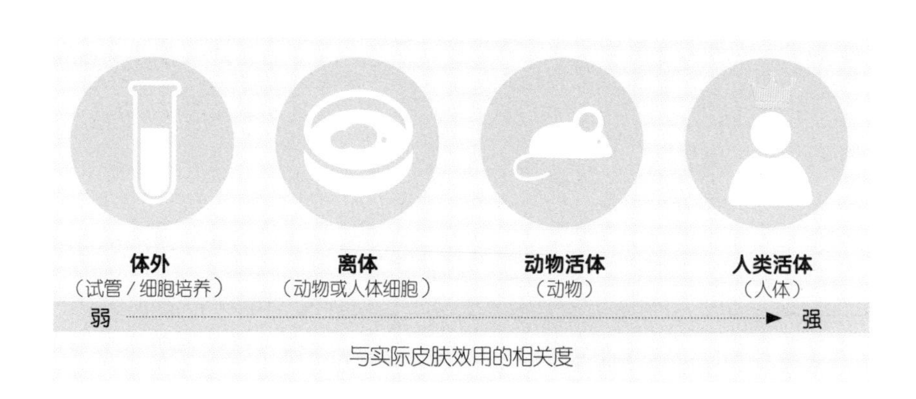

培养皿（体外 / 试管）：该方法是在试管或细胞培养皿中测试活性成分。有时，该方法被用来研究某种成分对某些特定的皮肤细胞（如成纤维细胞）的作用。人们也会通过这种方法来观察某种成分是否能作为抵御自由基的抗氧化剂。该方法的缺点是无法模拟这些成分被皮肤吸收后到达目标细胞的方式，所以可以把它看作是一个类似酸碱测试的初步测试，为某种成分是否需要进行更多测试提供指示。

离体的皮肤（离体）：该方法是在一块离体的皮肤上测试单一或复配的活性成分，通常使用的是猪或人的皮肤。之所以在众多动物中选择猪，是因为猪的皮肤与人类的非常相似。有时也会使用整形手术“用剩下的”人体皮肤。由于使用了真正的皮肤，我们可以通过该方法更好地了解活性成分或其复配成分是如何与皮肤相互作用并被皮肤吸收的。该方法的最大缺点是只能将皮肤“保鲜”一段时间，所以这种测试方法的时长通常不能超过 2 周。想要了解活性成分的长期功效，2 周可不太够。

活体（动物）：该方法是在活体动物身上进行成分测试。不要激动！如今的大多数活体动物试验都被严格限制，且通常只用于学术研究。该方法可以帮助我们了解某种成分能如何减少紫外线辐射或加速伤口愈合，但因为将动物数据转化为人体数据并不容易，所以归根结底这种方法并不是很好。你可以放心，如今美容行业里涉及的动物试验越来越少了。我们都很爱小动物的！

活体（人体）：现在，我们来到了最理想的测试场景——在真实的人类受试者身上进行测试！但这也是最昂贵的方法，意味着没有多少活性成分能够最终得到人体临床试验的机会，也意味着数据可靠性会存在很大差异。不过，测试护肤品成分并没有测试药物那样严格的要求。所以，每当评估护肤品成分时我们都觉得自己像乞丐，四处讨要可靠性还过得去的数据来协助评估它们的功效！

以下是我们评估临床试验时的 2 个重要考量标准：

测试对象的数量：我们通常会寻找至少 30 个测试对象。这实际上并不多，但与某些仅有 5 个测试对象的研究相比，我们觉得 30 个还算不错。

测试中是否有空白对照组：研究中，经过活性成分处理的皮肤需要和不含活性成分的配方处理过的皮肤进行对比。这是找出某种活性成分对皮肤的影响的最直接方法。如果没有空白对照组，就没有比较的基线，所以在研究中做到这点对我们极其重要！

如你所见，验证某种成分需要做很多工作。坏消息是，护肤市场上鲜有活性成分得到了可靠的、值得化学家称赞的临床研究的支持。这不禁让我们想到了……护肤成分“四巨头”。

认识护肤成分“四巨头”

排除所有的营销“障眼法”，活性成分的核心成员有“四巨头”，它们的功效可以解决各种各样的皮肤问题，如皱纹、色素沉着、肤质不好、痤疮。那么让我们来看看“四巨头”：护肤中的基础、根本中的根本、四大天王……四个火枪手！（好吧，不跑题了，这就闭嘴）多年来，这 4 类活性成分已经过无数（高质量！）临床研究的反复测试和验证，它们是：

化学去角质成分，包括甘醇酸（乙醇酸）、乳酸和杏仁酸（扁桃酸）等在内的酸类，可以温和地去除累积过多的死皮细胞。

类维生素 A，这类成分是全能型选手。

维生素 C，长期抗衰老功效中的主要抗氧化剂。

烟酰胺，使肌肤更莹亮、滋润的最佳辅助成分。

这 4 类成分都经受住了时间的考验，被证实对多种皮肤问题都有效，但在搭配使用的过程中它们却可能古怪且不好相处。选择正确的产品并将其有效地融入护肤程序中可能会是件很棘手的事。接下来，我们会解释这些成分是如何与皮肤相互作用的，并说明它们有什么好处、应该如何使用它们、需要多长时间才能看出效果，以及如何将这些成分融入你的护肤程序中。

“四巨头”之外

“你们只讲 4 种活性成分？！就……这么点儿？”

没错！除了“四巨头”，确实还有很多种活性成分（肽、绿茶提取物、干细胞）。虽然介绍并评价其他活性成分费时、费力，但护肤的一部分乐趣不就是发现并尝试新的产品和成分吗？在这一部分的结尾，我们会大致介绍一下其他颇受欢迎的活性成分，并帮助大家弄清哪些是真正有效的，哪些则是“3 次蒸馏后的纯废话”。

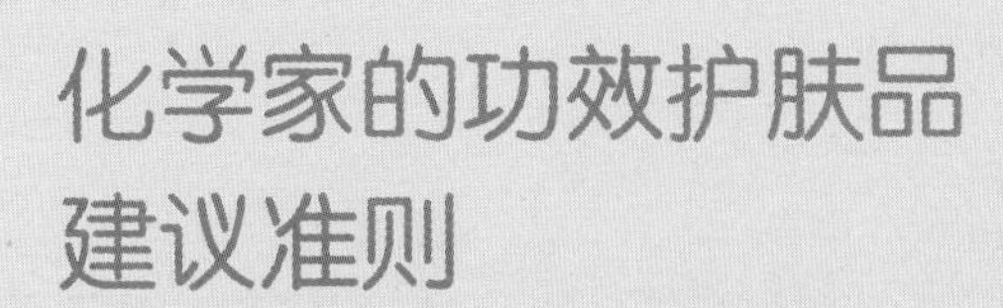

化学家的功效护肤品建议准则

在进入功效护肤的干货环节前，先记住以下几条化学家的准则：

1 **浓度：**如果说看完本书你需要记住什么的话，那就是适当的用量才能奏效。剂量就是万能药！这点尤其适用于专门为解决各种皮肤问题而出现的重要护肤成分。

2 **耐心：**心急吃不了热豆腐。这些活性成分需要持续使用，通常 4 周左右（有些甚至需要几个月！）才能看出一定效果。尽管“一觉醒来就能见证奇迹”听起来很诱人，但太过美好的承诺就是虚幻。

3 **刺激：**护肤产品很容易让人产生买买买的冲动！抗皱，买它！白到发光，买它！于是你的护肤程序中突然涌入了 10 种活性成分，接着你的皮肤开始经受各种刺激。这可不是你想要的结果。接下来你得把所有时间都花在让皮肤恢复正常上，反而顾不上那些好东西了。

4 **层层叠加：**护肤的顺序一般是从水性产品到油性产品。功效护肤环节也遵循少即是多的原则。可靠的、4 步或 5 步护肤程序基本可以满足你的需求，特别是当你用的成分能同时解决多种皮肤问题时。少即是多！

5 **分子很重要：**以维生素 C 为例，它有各种衍生物，但接下来你会看到我们花大量的笔墨解释为什么左旋抗坏血酸（L–AA）是其中最好的 。并不是所有的维生素 C 都是一样的，维生素 C 的类型很重要。

化学去角质成分

自从圣艾芙（St. Ives）杏子磨砂膏开始流行（真是暴露年龄），我们就被告知了去角质的重要性。人们一直以来都觉得只要搓洗就能拥有有光泽的、如婴儿般柔软的肌肤。但是物理去角质并不是唯一（有时也不是最好的）能有效去除死皮细胞并保持皮肤更新和健康的方法。来认识一下化学去角质（俗称“刷酸”）成分吧，这些成分可以削弱那些顽固的、死皮赖脸的死皮细胞之间的化学键，使皮肤恢复光滑、细腻的状态。接下来我们会全面地介绍去角质以及如何安全使用化学去角质成分，让你的皮肤尽享“酸爽”一刻！

为什么要去角质

为了让皮肤保持健康和年轻，角质必须不断地脱落。但随着年龄的增长，这种细胞更替的过程会逐渐变慢，导致皮肤暗沉、粗糙。这就是去角质的意义所在，它可以帮你清除那些旧细胞中的“钉子户”。

健康的皮肤会产生健康的脱屑

脱……什么东西？脱屑是鲜嫩的皮肤细胞向外层移动、老旧细胞脱落的过程。这实际上是你的皮肤新陈代谢的过程。健康角质层中细胞的更替周期为 2 ~ 3 周。你的整层表皮只需要大约 7 周就能全部更新！

你的皮肤在不停地脱落！

皮肤的新陈代谢（周转率）对皮肤健康至关重要。脱屑过程会因为衰老、环境压力和缺水干燥而减慢。一旦这个更替过程变慢，就会进入一个糟糕的恶性循环：肤质粗糙→屏障功能受损→脱水→细胞更替的过程进一步减慢。也就是说，你的皮肤会变得粗糙，会脱皮且暗沉。唉！

化学去角质成分登场

谈去角质自然避不开化学去角质成分，“化学”意味着它们是酸性分子。酸类成分可以削弱累积的死皮细胞之间的纽带（一种叫作角质桥粒的蛋白质，记住这个知识点，万一有奖知识问答用得上呢），有助皮肤恢复健康的周转率。去除表层细胞在短期内能够让你的肌肤更光滑。从长远来看，某些化学去角质成分还可以帮助解决色素沉着、痤疮，甚至胶原蛋白流失的问题！有意思吧？所以让我们来看看哪种化学去角质成分适合你。

化学去角质成分简史

你想过谁是第一个把酸涂在脸上的勇士吗？人们使用酸类物质美化肌肤已经有很长的历史了。古埃及的女性会使用富含乳酸的酸牛奶让肌肤变光滑。古希腊、古罗马及各游牧文明都有自己独特的去角质配方。中世纪时，醋和葡萄酒被当作美容品使用。虽然我们不确定它们是否用于去角质，但我们可以将其视作最早被提及的化学去角质成分，因为葡萄酒的 pH 值通常在 2.5 ~ 4.5 之间，并且它含有酒石酸，而酒石酸正是果酸的一种（不算是上乘的）！我们现在已经拥有更好的果酸了，所以葡萄酒还是留着喝吧！

但是直到 19 世纪末，果酸才开始受到关注，当时，酚类、间苯二酚和水杨酸等已作为第一批针对黄褐斑和雀斑等皮肤问题的化学换肤剂风靡一时了。果酸只能算是后起之秀，因为它直到 20 世纪 80 年代才流行起来。

认识化学去角质成分

化学去角质成分包括 3 个类别，且都是弱酸，它们的区别在于分子结构不同。幸亏这 3 个类别的功能也各不相同，这样你就不用受堪比催眠术的化学术语的折磨了。

化学去角质成分可以帮助去除顽固的“过期”皮肤细胞，促进细胞更新，它们在让肤质更光滑方面的效果可谓立竿见影。更别说它们还有那些长期功效了，比如有助于消除色素沉着和痤疮！那么，让我们来看看它们都是什么吧。

基础中的基础：α–羟基酸（果酸，AHA）

果酸类别中包括甘醇酸、乳酸、杏仁酸、苹果酸和酒石酸。这些都是水溶性的弱酸，在这些酸中，我们只关注 3 种——甘醇酸、乳酸和杏仁酸。这三者的主要区别在于分子大小不同，这个区别有助于你选择适合自己的果酸伴侣。这 3 种果酸在改善肌肤色素沉着、促进胶原蛋白生成、减少细纹和皱纹方面的功效已经得到了长期的验证。

油性皮肤专家：β–羟基酸（水杨酸，BHA）

没错，这类化学去角质成分中只包括水杨酸，微溶于油的特性使得水杨酸能够深入毛孔。此外，它还是一种抗菌及抗炎成分，对于发炎、易生痤疮的油性皮肤来说，水杨酸是理想的选择。

新生代：温和型多羟基酸（PHA）

这位是？没错，多羟基酸是个“新人”。PHA 通常指的是两种分子——乳糖酸和葡糖酸内酯，其中葡糖酸内酯在护肤品中更常见，据说它能带来超好的化学去角质体验，甚至还有保湿的功效，能够为肌肤补水并锁住水分。它还十分温和，不像其他成分那样会引起皮肤光敏感（好吧，说真的，为保险起见，防晒霜还是要涂的）。

有些数据显示葡糖酸内酯甚至有助于治疗痤疮，并且未来还会有更多的数据。总而言之，如果你是干性皮肤、敏感性皮肤，或者前两类酸的使用效果对你都不理想的话，葡糖酸内酯是个不错的选择。

辟谣！

如果你尝试的是稍高浓度的酸，那么皮肤有轻微的刺痛感是正常的，但要是觉得自己仿佛是在给毛孔除魔（感觉疼痛难忍），那绝对是不正常的。

在 Instagram 这个迷幻的网络世界里，我们总能看到一些人滥用化学去角质成分的可怕场面。有时候，我们会看到一些“网红”对着自己的脸又磨又刷，恨不得洗掉一层皮，直到让脸看起来比砂纸还粗糙，这场面实在令人咋舌。一般在家刷酸后，短暂的轻微刺痛是完全正常的，但你的脸肯定不该红得跟龙虾似的且一直很疼。

那些自制的家庭护肤配方怎么样？具体点说，苹果醋和柠檬汁好用吗？好问题！苹果醋含有大约 5% 的乙酸，而柠檬汁含有大约 5% 的柠檬酸，但事实上没有充分的证据能证明这两种酸可以给皮肤带来什么好处。另外，纯柠檬汁或醋对皮肤来说太“酸”了。所以，我们还是乖乖用商店里买的护肤品吧，好吗？

化学去角质成分的应用

每个人都可以从日常使用的化学去角质成分中受益。但是该如何选择适合自己皮肤的产品呢？我们建议遵循以下步骤：首先，找到最适合自己的化学去角质成分；其次，选择适合自己的产品类型；最后，解决自己的日常问题。下面是具体做法。

1. 从哪里开始？

在选择酸的时候，分子的大小很重要。分子越小，活性越强。但如果你以前从未使用过化学去角质成分，那么一开始就用30%的甘醇酸去角质无异于自行车两侧的辅助轮还没拆就想骑独轮车。参考第106页的“化学家的刷酸上手指南”，它可以帮助你找到理想的起点，告诉你如何升级。

2. 哪种产品适合我？

化学去角质成分非常受欢迎，各种各样的产品中都有它们的身影。它们最常出现在洗面奶、爽肤水、精华液、面霜、洁面湿巾和面膜中，几乎涵盖了所有的产品类型！我们不建议你使用含有化学去角质成分的洗面奶，因为它并不是最有效的化学去角质产品类型。对于其他的化学去角质产品类型，你需要考虑3点：

浓度。没错！重要的事情说3遍，又碰到了我们最喜欢的化学家准则——记得查看浓度。果酸的浓度通常很高。没错，浓度是非常关键的，如果你看到的产品上没有注明酸的浓度，那么就不要浪费时间了。（国内许可的护肤品果酸浓度一般不超过6%。——译者注）

为了保证有效的日常刷酸，看看标签上有没有以下这些描述：

5%～10%的甘醇酸

>8%的乳酸和杏仁酸

0.2%～2%的水杨酸

10%的葡糖酸内酯

产品的 pH 值。果酸或多羟基酸类产品的 pH 值越低，效果越好。当然，也不是一味地低就好。要维持“良好的功效”和“该死的，太刺痛了”之间的平衡。大多数人在使用 pH 值 3.5 左右的酸时，既可以享受去角质的好处，皮肤也几乎不会受到刺激。

辅助成分。每个伟大的配方无疑都需要一个伟大的配角才能真正闪耀！以下是你需要在标签上寻找的两种辅助成分：

pH 调节剂：这类成分至关重要，包括氢氧化钠、氢氧化钾和三乙醇胺等。没有它们，你的果酸产品的 pH 值会极低。我说的低是 pH 值为 1 甚至更低。所以，如果某个产品一点儿调节剂都不用，那可真够粗制滥造的。我们的建议是，不能说直接走人，只能说赶紧跑！把这些产品留给皮肤科医生和美容医师用吧。

舒缓成分：某些产品会加入“舒缓剂”来缓解酸对皮肤的刺激，让你的刷酸体验更愉悦。如果你想要体验一些舒缓功效，可以找找红没药醇（洋甘菊提取物）、金盏菊和积雪草等。

3. 如何将刷酸融入护肤程序中?

现在你已经准备好迎接皮肤的“酸爽一刻”了！（嘿嘿。）下面是化学家为你的刷酸之旅提供的一些建议。

按照正确顺序使用。化学去角质成分通常都添加在高含水量配方中。也就是说，你的刷酸棉片、爽肤水或精华液（选一个吧！）应该是你洁面后夜间常规护肤的第 1 步或第 2 步。浓度在 10% 以下的果酸产品可以每天使用。如果你对较低的浓度也很敏感，那就每两晚用一次。

考虑一下高浓度面膜。加大你使用的酸类产品的浓度（≥ 20%）是一个提升去角质效果的好方法。这些浓度更高的酸类产品应该用作可冲洗面膜，且每周使用不超过一次。

辅助产品和疑难解答

趣味知识！一些你已经拥有的产品可以强化你的刷酸护肤程序。以下是主要的四大类辅助产品：

泥面膜和含酒精的爽肤水。这些产品可以去除脸上多余的油脂，因此，在刷酸之前使用它们是很不错的选择。过量的油脂和污垢会阻碍酸类成分的渗透，所以先使用泥面膜或爽肤水，即便不使用浓度更高的酸类产品，刷酸的效果也会增强。但别让泥面膜在脸上停留太久，5 ~ 10 分钟就够了。

凡士林和油膏。如果你脸上有很干燥或较敏感的区域，或者是有一道小伤口，你可以在使用功效成分之前在这些地方涂上凡士林或油膏。这样酸就不会碰到这些敏感区域了。

专业提示：正如上文提到的，各种类型的产品中都可能含有去角质成分，而去角质成分有时会不经意间刺激皮肤。涂上含有水杨酸的爽肤水和含有甘醇酸的精华液后，再涂上含有乳酸的保湿霜，无疑会让你去角质过度。所以，如果你的皮肤莫名其妙地受到了刺激，请仔细检查所有护肤品的成分表，确保你没有刷酸过度。

物理去角质。化学去角质可以让死皮松脱，从而让皮肤变得更光滑、更有光泽。但随着年龄的增长，你的皮肤会变得顽固，即便在化学去角质的作用下废旧的角质细胞也不易离去。这时可以使用温和的物理去角质产品去除那些已经松脱的皮肤细胞，如柔软的鬃毛洁面刷或魔芋海棉，效果都很好。别用 50 号的砂纸、杏仁或核桃壳制作的磨砂膏。现在没必要再来这老一套了！

防晒霜。最后还有一点非常重要……记得涂防晒霜！大多数酸都会让你的皮肤更容易受到日照损伤。当然，无论你是否刷酸，都应该养成良好的防晒习惯。防晒（霜）每天涂一涂，永远不用打肉毒（素）……

其他去角质成分

“酵素去角质是怎么回事？去角质凝胶又如何？”

酵素去角质产品中用的不是果酸、水杨酸或多羟基酸，一般使用的是菠萝中的菠萝蛋白酶或木瓜中的木瓜蛋白酶。酵素去角质产品的忠实拥护者们认为，这类产品具有化学去角质产品的所有功效，且丝毫没有刺激性。有一项研究声称 1% 的木瓜蛋白酶的功效优于 5% 的乳酸。还有人声称鱼卵（是的，你没看错）精华比 4% 的甘醇酸更温和有效。有关酵素去角质的研究稀少，所以产品背后的大部分数据来自制造商和产品营销。但是，如果你的皮肤喜欢甘醇酸产品，那就没必要为了三文鱼鱼卵精华而心动。

21 世纪初，去角质凝胶曾非常流行。还记得商场化妆品专柜里那些过分热情的工作人员把一种“神奇”的凝胶涂在你的皮肤上然后搞出恶心的死皮细胞小球吗？虽然某些去角质凝胶产品确实含有少量果酸，但它们本质上属于物理去角质产品。那些小球是膨胀的纤维（通常是纤维素），可以帮助你以最温和的方式甩掉已经松脱的死皮。在所有物理去角质产品中，它是最温和（因为太温和了，所以不是特别有效）的一种。

化学家的刷酸上手指南

如何安全有效地升级你的刷酸方案

油性皮肤

你想改善
黑头或痤疮吗?

是 **否**

可考虑用0.2%~2%的
水杨酸进行局部护理

晚间使用10%的杏仁酸

使用2周后
你的皮肤有刺激反应吗?

是 **否**

降低浓度或
使用频率

升级至18%
的杏仁酸或
改用甘醇酸

中性皮肤

你皮肤的总体状况好吗?
皮肤刷酸耐受性好吗?

是 **不确定** **否**

从5%~8%的甘醇酸开始尝
试，每隔一晚使用一次

使用2~3周后
你的皮肤有刺激反应吗?

是 **否**

降低浓度或
使用频率

你如果觉得可以
继续升级，可以
增加浓度（不要
超过12%）并
（或）提高使用
频率

准 备 好 升 级 了 吗 ?

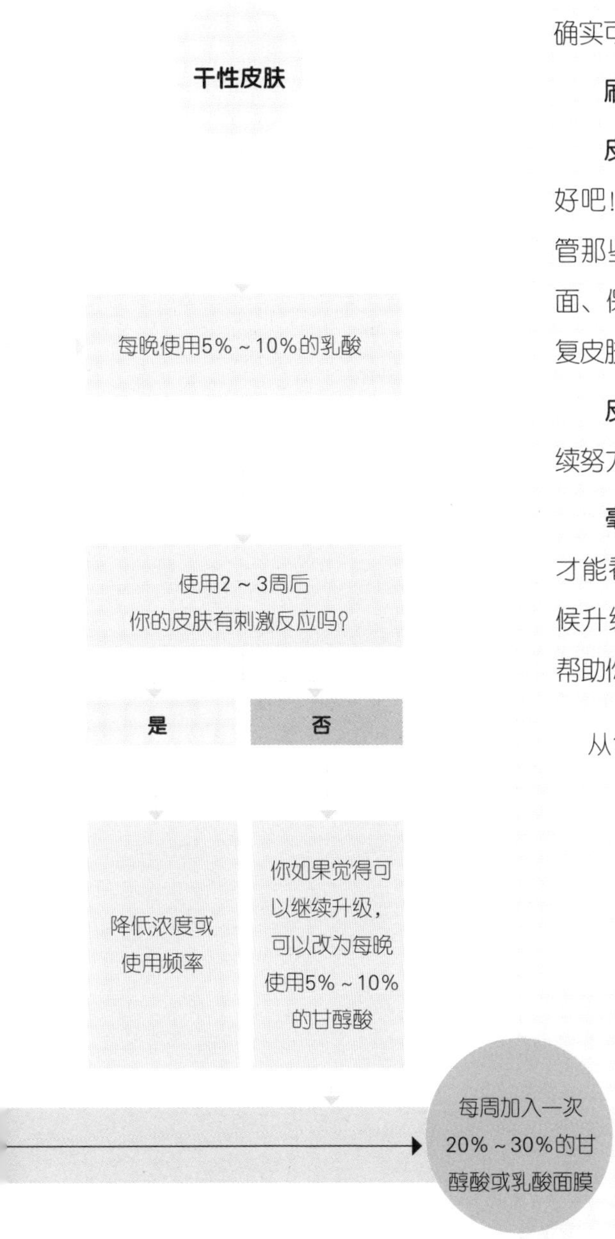

你属于敏感性皮肤吗？

虽然刷酸听起来很吓人，但你确实可以从中获益。让我们慢慢来！

刷酸后你可能会有 3 种表现：

皮肤麻痒、刺痛、干燥、泛红。好吧！你的皮肤已经受刺激了。别管那些活性成分了，做好基础的洁面、保湿和防晒，把精力集中在恢复皮肤健康上吧。

皮肤看起来很好！好极了！继续努力。

毫无变化。记住，至少要 4 周才能看到明显的变化。但也许是时候升级了！使用下面的酸度阶梯来帮助你选择更高阶的刷酸方案吧。

从10%～14%的葡糖酸内酯开始

10%的杏仁酸

5%～10%的乳酸

5%～10%的甘醇酸

注意：皮肤一旦有第一种表现，停止使用所有活性成分，专心恢复皮肤健康。

干性皮肤

每晚使用5%～10%的乳酸

使用2～3周后
你的皮肤有刺激反应吗？

是

降低浓度或使用频率

否

你如果觉得可以继续升级，可以改为每晚使用5%～10%的甘醇酸

每周加入一次20%～30%的甘醇酸或乳酸面膜

个人使用感受

至此，你可以看到护肤并没有统一的标准答案。如何选择完全取决于你目前的皮肤状况和适合你的方法。以下是我们在这方面的一些个人建议。

吕恒欣

果酸也是我的护肤程序中的“常驻嘉宾”之一！我的皮肤非常耐酸，所以我得承认我一直都在用甘醇酸。如果我同时还在使用如视黄醇这类其他强力功效成分的话，我会改用更温和的杏仁酸。我个人不太能接受乳酸的黏性和气味。除了化学去角质产品，我还喜欢使用非常温和的物理去角质产品来保持皮肤光滑。对我来说，多羟基酸很不合适，因为它对于我的大干皮来说太干了。

化学去角质产品差不多已经在我的皮肤上待了一辈子。我在学生时代长了囊肿性痤疮，因此对水杨酸有些上瘾，同时，我的一些痤疮专用洗面奶和爽肤水中还含有甘醇酸。当你一心想快速去除讨厌的痤疮时，就会容易刷酸过度。奇怪的是，现在我的皮肤不像以前那样耐受甘醇酸了，我得根据需要换着用。在使用高浓度的视黄醇时，我会加入一点乳酸和葡糖酸内酯。我的皮肤在夏天更容易出现毛孔阻塞，所以这段时间我会添加水杨酸和杏仁酸。

化学去角质成分常见问题解答

1

问：刷酸真的好复杂，我到底应该从哪里开始？

答：一般来说，5% 的甘醇酸是个不错的起点。

2

问：化学灼伤对皮肤到底有什么影响？

答：化学灼伤和晒伤很相似，受到刺激的皮肤会整片泛红、刺痛、麻痒，严重的化学灼伤还会导致肤色暗沉、肤质粗糙。

3

问：如果只能选择一种去角质方法，你会选择物理方法还是化学方法？

答：化学方法。化学去角质成分不仅能剥离皮肤表面的顽固细胞，还能提亮肤色，减少细纹和皱纹。

4

问：它们既然是酸，那为什么只带走那些应该脱落的老旧细胞，而不会带走那些健康细胞呢？

答：好问题！简言之，因为它们没有渗透到足够深的地方去破坏不该被弄断的化学键，否则就是刷酸过度。如果你过度刷酸，它们就会触及不该被去除的细胞，而这就是皮肤出现刺激反应的原因。

5

问：是否有刷酸过度（毁容）这回事？

答：当然有！这充分体现了“化学家十诫”第 6 条。刷酸过度的表现包括皮肤起皮、长时间刺痛和泛红。

类维生素 A

类维生素 A 也叫维生素 A 衍生物，是王牌功效护肤成分。自被发现以来，这一大类成分一直扮演着护肤品王者的角色，用于解决包括痤疮、色素沉着、细纹和皱纹在内的一切皮肤问题。但是类维生素 A 也有一些缺点，它们的副作用也很显著，包括皮肤泛红、起皮和刺痛。如果使用得当，类维生素 A 的大部分副作用都可以被控制在最低限度，这样你就能安心享受它的所有抗衰老功效了。接下来，我们会先介绍类维生素 A 的分类，然后带你弄清商店中不同类型的类维生素 A 的区别，如何找到最适合你的肌肤需求的类型，以及实现功效最大化、刺激最小化的类维生素 A 的用法和用量。

为什么要用类维生素A

类维生素 A 是使用历史最悠久的活性成分之一，它被证实能有效改善痤疮、皱纹和色素沉着。类维生素 A 能够促进胶原蛋白的生成，并预防胶原蛋白降解，所以这类成分是抗皱领域的“黄金斗士”。它们是如何起效的？很高兴你问了！

胶原蛋白的故事

在讨论类维生素 A 对皮肤的诸多功效之前，我们必须先来讲讲胶原蛋白的故事。提到抗衰老，你可能在你的抗皱面霜的标签上见过“胶原蛋白”这个词。这是因为胶原蛋白，更准确地说是胶原蛋白流失是导致衰老的罪魁祸首。

胶原蛋白占皮肤干重的 75% 左右。得益于紧密的三重螺旋结构，胶原蛋白肩负着维持皮肤整体结构完整性的重任。因此，胶原蛋白的流失是产生皱纹和皮肤松弛的根本原因。

接下来有请成纤维细胞登场，它们不仅在伤口愈合方面发挥着至关重

成纤维细胞负责制造胶原蛋白

要的作用，还会分泌原胶原酶。原胶原酶是一种前体物质，扮演着建筑基石的角色，它们彼此交联后就会生成最终产物——胶原蛋白。

类维生素A简史

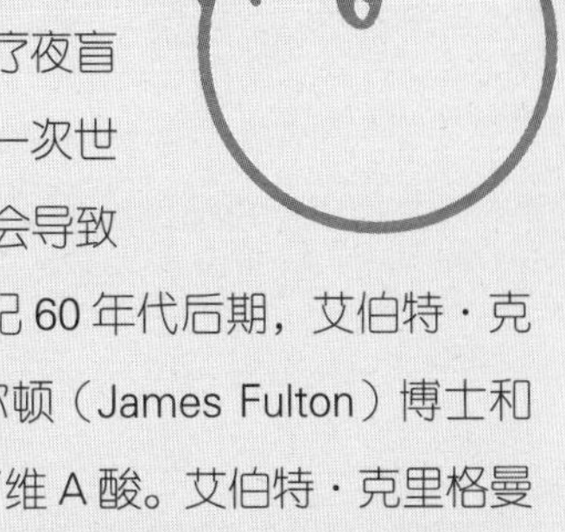

事实上，类维生素 A 的历史可追溯到古埃及时期。当时，古埃及人会吃富含维生素 A 的肝脏来治疗夜盲症。视黄醇（维生素 A）的历史则可追溯到第一次世界大战时期，当时的研究表明，缺乏维生素 A 会导致皮肤干燥和毛发角化病。然而，直到 20 世纪 60 年代后期，艾伯特·克里格曼（Albert Kligman）博士、詹姆斯·富尔顿（James Fulton）博士和格德·普莱维希（Gerd Plewig）博士才发明了维 A 酸。艾伯特·克里格曼是一位颇受争议但多产的皮肤学领域的先驱，他首次揭穿了巧克力导致痤疮的谣言，研究了痤疮的各个阶段，并创造了“光老化”这个术语。

谨遵医嘱

“纯净护肤”运动引发了“何为真正安全的成分”的诸多猜测。如果你上网搜索一下，你会发现有些品牌宣称不再使用视黄醇，因为它被认定具有危险性。这一说法源自怀孕期间过量摄入维生素 A 会导致胎儿先天缺陷的事实。因此，如果你在备孕，医生是不会给你开口服异维 A 酸的。外用类维生素 A 的风险要小得多，但医生仍会相当谨慎并通常建议孕妇避免使用类维生素 A。所以，你如果怀孕了或正在备孕，先咨询一下医生需要避免使用哪些护肤成分。对于其他人，类维生素 A 通常是安全的！

再说清楚点，为什么要用类维生素A

皮肤中含量最丰富的胶原蛋白——I 型胶原蛋白的寿命大约 30 年。这就意味着随着年龄增长，旧的胶原蛋白会发生变性并彼此交联，导致胶原蛋白断裂（也就是皱纹、松弛，以及一切让你头疼的问题），日晒损伤的积累和时间流逝都会加剧这种情况。更糟糕的是，成纤维细胞很难完全清除这些胶原蛋白变性，而这些变性的旧胶原又无法被利用到新的胶原蛋白中，从而破坏了真皮结构的完整性。一旦胶原蛋白发生断裂，就会出现一个空位，导致成纤维细胞无法黏附，也就无法顺利地伸展和发出信号促进前胶原生成。因此，胶原蛋白断裂也是引发自然衰老的皱纹的一个根本原因。

类维生素A和你的胶原蛋白（以及其他护肤功效！）

别绝望！好消息是，类维生素 A 可以拯救这一切。类维生素 A 与皮肤的维 A 酸受体（RAR）相互作用，刺激胶原蛋白生成，促进成纤维细胞增殖，并预防胶原蛋白降解。在众多抗衰老成分中，类维生素 A 是唯一经过验证

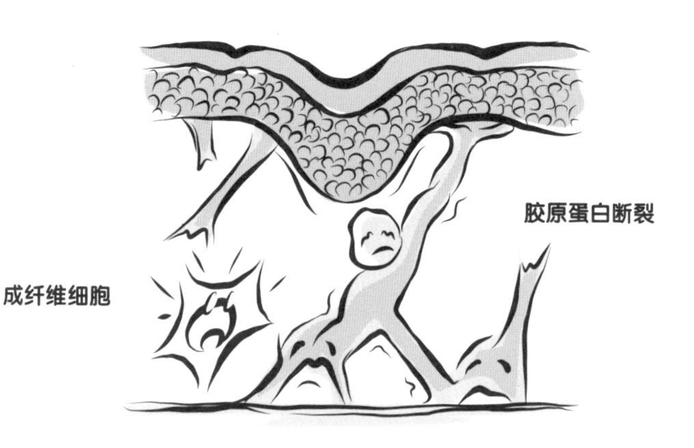

胶原蛋白断裂使成纤维细胞更难清除旧的胶原蛋白，导致皮肤结构出现问题（也就是皱纹）

既能保护胶原蛋白，又能促进其生成的全能型成分。

说到全能，别忘了这类成分在改善重度痤疮及痘印方面也获得了大量研究支持。事实上，很多人第一次接触类维生素 A 可能正是因为想要改善痤疮。

“等一下，”你可能会说，“听起来类维生素 A 好像真的无所不能。我也要‘上车’！”好吧，金无足赤。使用类维生素 A 确实会面临一些难处和烦恼。在大多数情况下，这类成分并没有那么稳定，而且很容易降解（这给化学家带来更多难题）。它们还有臭名昭著的副作用，如皮肤脱皮、敏感和泛红，这些确实劝退了很多人。最后还有一点要谨记，并不是所有的类维生素 A 的性质都差不多，但只要稍加指导，你就会发现这类活性成分可以让你终身受益。

辟谣：脸皮别这么薄！

脱皮是视黄醇的标志性副作用之一，也是一部分人对于尝试它心有顾虑的原因之一。有一些散布恐惧的文章声称视黄醇会永久削薄你的皮肤。甚至还有些人说视黄醇会破坏皮肤屏障功能。尽管听起来有违常理，但持续使用视黄醇的确会让你的真皮和表皮增厚，从而改善皮肤的锁水能力和屏障功能。所以，坚持住！经历了最初的“视黄醇之苦”后，剩下的都是甜美的功效了。

认识类维生素A

差不多是时候给类维生素 A 下个定义了。类维生素 A 这个术语实际上是所有你能在市面上买到的维生素 A 族成分的总称，如维 A 酸、视黄醇和视黄醇棕榈酸酯都属于类维生素 A 这个大家族。

市面上有这么多类维生素 A，我们怎么才能记住它们呢？通常我们可以把它们分成 3 类：处方类、非处方类和护肤品类。

处方类：走，去拜访皮肤科医生！

	商标名	浓度	建议用途	功效
异维A酸	Accutane	不适用	重度囊性痤疮	口服药物。通常不是处方治疗的首选方案
他扎罗汀	Tazorac	0.1%	痤疮、严重痘印	对改善炎症后的色素过度沉着以及治疗深色皮肤的痤疮方面有明显功效
维A酸	Retin-A	0.01%～0.1%	重度痤疮、皱纹	类维生素A中的“黄金斗士”，有着最悠久的皮肤功效验证历史

上表列出的是一些常用的处方类类维生素 A。你需要去一趟皮肤科医生的办公室才能拿到它们。这些类维生素 A 通常用于治疗中度到重度的痤疮。如果你的痤疮已经严重到很难控制，那么我们强烈建议你去找一个好的皮肤科医生。皮肤科医生不仅能够对你的痤疮做出诊断，还能为你量身定制治疗方案。我们坚信，如果你想解决自己的痤疮问题，皮肤科医生的帮助绝对是必不可少的。

非处方类：一起去药店吧！

	商标名	浓度	建议用途	功效
阿达帕林	Adapalene	0.1%	痤疮，色素过度沉着	比维A酸和视黄醇更温和，在改善痤疮方面有显著疗效

阿达帕林最近变为非处方类成分真是让人兴奋。作为类维生素 A 家族的新晋成员，这种合成类维生素 A 已被证明比维 A 酸更温和，但在改善轻、中度痤疮方面同样有效。甚至有数据表明，它有助于淡化痘印。在使用保湿霜之前涂阿达帕林凝胶，虽然阿达帕林比维 A 酸更温和，但我们依然建议最好将其与好用的舒缓保湿霜搭配使用，以将其造成的干燥感或潜在的刺激性降至最低。

> 类维生素 A 的家族十分庞大！你们不说的话谁也不知道它们有这么多类型。看来要是我想用类维生素 A 治疗重度痤疮的话，我必须得去找皮肤科医生才行。与此同时，阿达帕林看起来是个不错的起点，我可以用它来解决一些长期存在的小问题。

护肤品商店：让我们去购物！

	别名	浓度	建议用途	功效
视黄醇	A醇、维A醇	0.1%～1%	改善皱纹、色素沉着	商店里就能买到的“黄金斗士”类维生素A。非常有效且容易买到
视黄醛	A醛、维A醛	0.1%～1%	改善皱纹	由于极不稳定，少有产品使用。但它比视黄醇的功效更强
视黄醇棕榈酸酯	维生素 A 棕榈酸酯	≤1%	扔了吧！真的，啥用都没有	我们还没发现这种成分有任何功效（详细原因请参见下文）
羟基频哪酮	羟基频哪酮视黄酸酯、全反式维A酸酯、HPR	≤1%	适合需要更温和产品的敏感皮肤	还没有太多数据验证。不过最近的研究结果表明，这种温和的替代成分也有抗皱功效
补骨脂酚	市面上有时称其为“植物基视黄醇”	0.5%～1%	适合敏感皮肤，改善痤疮	视黄醇的植物基替代品。目前没有太多可参考数据

由于视黄醇和视黄醛都算不上稳定的活性成分，所以很多公司都开发了各自的不同版本以实现 3 个主要目标：更高的稳定性、更低的刺激性和更长的有效期。在这些新一代类维生素 A 中最受关注的是羟基频哪酮和补骨脂酚（一种植物基成分）。上表展示了各成分经初步测试有效的浓度水平，但我们不得不指出，包括这两种成分在内的所有新型活性成分仍然需要大量的数据，以便我们真正了解其工作机制以及随之而来的护肤功效。虽然还没有最终结论，我们还是推荐无法使用视黄醇和视黄醛的人群尝试这些替代品。

和视黄醇相比，视黄醛实际上更有效。遗憾的是，你很难找到视黄醛这种成分，因为它比视黄醇更不稳定。因此，在能够从护肤品商店买到的类维生素 A 中，视黄醇是名副其实的“黄金斗士”，并且还有大量数据支持其有效性。长期数据显示，视黄醇能够有效改善皱纹乃至色素沉着问题，但它确实不是个好相处的活性成分，容易导致皮肤泛红、起皮、干燥和刺痛等，所以要想把它加入你的护肤程序中，需要从低浓度开始，循序渐进。一旦了解了自己的皮肤对视黄醇的反应，你将享受所有功效。具体怎么做呢？问得好！准备好和我们一起踏上视黄醇之旅吧！

成分解析：视黄醇棕榈酸酯

视黄醇棕榈酸酯其实就是维 A 酸和棕榈酸的结合体。当视黄醇过剩时，皮肤就会自然地将其以视黄醇棕榈酸酯这种“休眠”形式储存起来。视黄醇棕榈酸酯之所以引人关注，是因为它比视黄醇稍微稳定一些，因此很容易进行复配，但这也是它的唯一优势。视黄醇棕榈酸酯很难给皮肤带来类维生素 A 的战斗力，因为它的皮肤渗透性不太好。更糟糕的是，它到达维 A 酸受体的过程要久得多：必须先从视黄醇棕榈酸酯转化为视黄醇，然后转化为视黄醛，最后转化为维 A 酸。所以，它被认为是市面上功效最弱的类维生素 A。

视黄醇棕榈酸酯是视黄醇的前体，它没有真正的生物活性，只是视黄醇过多时的一种储存形式。这家伙是类维生素A大家族中功效最低的一个。

选购视黄醇

不要被“化妆品级”的说法骗了，视黄醇实际上是一种强效分子。它虽然在护肤品中炙手可热，但你需要下一番功夫才能从鱼目混珠的产品中辨别出好的产品。最重要的考量之一是视黄醇不是一种很稳定的分子（这是整个类维生素 A 家族的大问题），视黄醇对光、空气和热非常敏感。将含有视黄醇的产品暴露在这样的环境中可能会导致视黄醇过早失活，使它根本来不及对你的皮肤发挥作用。

包装

包装是选购视黄醇产品的一个决定性的因素，因为包装可以尽可能减少产品与空气接触，并防止产品暴露在光照下，从而保证产品的正常保质期。带有细小管口的铝管包装的氧气暴露量最少，是最好的包装形式；其次是真空泵瓶；滴管瓶就很一般了，虽然它可以减少光照，但每次你打开瓶子的时候产品还是会暴露在空气中；普通罐装绝对不行。

视黄醇产品的包装很重要（视黄醇暴露在空气中就没用了）

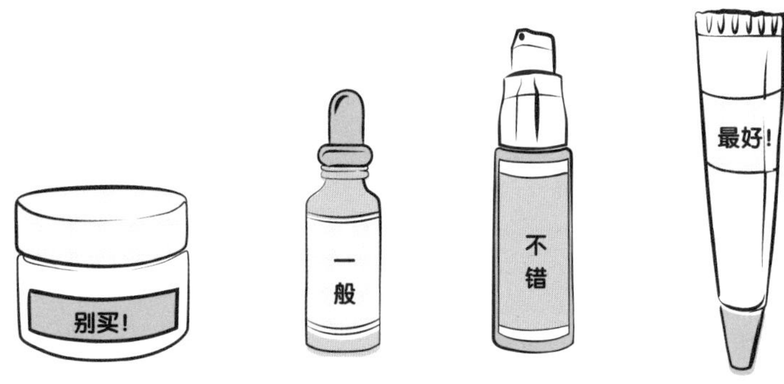

搭配考虑

读到这里，你应该可以看出“浓度是关键”是我们最喜欢的“化学家十诫”

之一，它尤其适用于视黄醇这样的强力活性成分。选择清楚注明视黄醇浓度（我们建议最好是 0.1% ~ 1%）的产品。另外，注意寻找好的辅助成分。烟酰胺是另一种受化学家们欢迎的活性成分，它已被证实可以降低视黄醇的刺激性。我们喜欢这两者结合的产品！

储存

所有不稳定的活性成分都可以考虑“吸血鬼”储存法：将类维生素 A 储存在凉爽、黑暗的地方，避免阳光直射以延长保质期。

使用

视黄醇的最佳使用浓度是 0.1% ~ 1%。最重要的是尽量减轻使用它所导致的皮肤脱皮、敏感和泛红的痛苦，一般的方法是循序渐进。如果你是新手，从 0.1% ~ 0.3% 浓度的视黄醇用起。每周试着使用 2 ~ 3 次，并观察皮肤的反应。如果有轻微的脱皮或泛红，但没有长时间的刺痛感，就可以继续使用。记住每个人的皮肤是不同的，因此对成分的耐受性也不同。有些人可能需要连续数年使用 0.1% 的浓度，然后才能开始慢慢提高浓度。

“化学家的告白”：购物指南

林子大了什么鸟都有，在电商网站这种地方，你可以发现很多有问题的护肤产品……我们发现有些产品的视黄醇浓度竟然高达 2%，这到底是怎么回事？好吧，要么品牌方在撒谎，即产品实际上只含有 2% 的视黄醇原料（实际的视黄醇含量低得多）；要么他们说的是实话，产品确实含有这么多视黄醇。如果是前者，给他们一个大白眼；如果是后者，千万别买！视黄醇太多了！我们可不想把这种刺激源用到脸上。老实说，这两种情况都不值得你花钱！

护肤程序答疑解惑

任何活性成分都有可能不适合你，视黄醇也不例外。有一小部分人即使在 0.1% 的浓度下也会持续受到刺激的困扰。没办法，皮肤就是这么爱开玩笑。为了帮助你解决使用类维生素 A 的问题，你可以参考以下注意事项：

刺激性着实令人恼火！ 你的皮肤脱皮、敏感和泛红已久，然而你其实只用了 0.1% 的浓度。也许是时候换一个成分了。好在现在有了更温和的替代品，比如你可以考虑补骨脂酚和羟基频哪酮。

我的痘痘感染啦！ 我们更喜欢用阿达帕林应对所有痤疮问题。这种合成类维生素 A 现在是一种廉价的外用非处方类药物。有几项强有力的研究表明，0.1% 的阿达帕林可以媲美少量维 A 酸的效果。

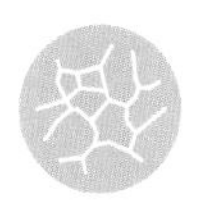

我现在不能起皮！ 在一些重要的时刻可以暂停使用类维生素 A。你如果即将参加重要的活动，提前 1 ~ 2 周暂停使用视黄醇，这样你的皮肤就不会起皮，上妆就容易多了。

“在开始你的类维生素 A 之旅前，尽量减少其他潜在的刺激成分，比如酸。一旦你的皮肤适应了，隔一天在护肤程序中加入一些温和的化学去角质成分可以帮助减少起皮。”

备忘录
类维生素A要点总结

化学家指南

· 视黄醇是你能在商店买到的主要的类维生素 A，可以帮助改善色素沉着。

· 维 A 酸是一种外用处方类药物，常用于治疗痤疮，是类维生素 A 中的“黄金斗士”。先找皮肤科医生咨询一下吧。

不同皮肤类型的入门类维生素 A 推荐

新手  从 0.1% ~ 0.3% 的浓度开始。每周使用 2 ~ 3 次，直到你的皮肤适应。

老手  你已经用到了 0.5% ~ 1.0% 的浓度。不过，在皮肤适应之前，还是先从每周使用 2 ~ 3 次开始。

敏感肌  有时候敏感皮肤就是用不了视黄醇！寻找替代品吧，比如羟基频哪酮或补骨脂酚。

痤疮 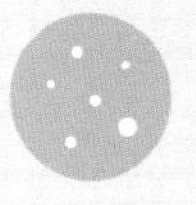 去药店找非处方类合成类维生素 A——阿达帕林。

· 开始时，每周只用 2 ~ 3 次。通常，适应期为 1 ~ 6 个月。耐心很重要！

· 如果你已经能够很好地适应类维生素 A 给皮肤带来的刺激，那么你就能够熟练地在你的护肤程序中使用类维生素 A 了。

个人使用感受

吕恒欣

唉，这对我来说太难了。虽然我的皮肤对酸的耐受性很强，但只要我一碰视黄醇，我的皮肤就会立马变得敏感、疯狂脱皮。我只用了0.3% 的视黄醇，就会像蛇蜕皮一样开始满脸脱皮。我在 2020 年的皮肤待解难题就是找出适合自己的、加入了视黄醇的护肤程序“魔法”，以提高我的抗衰老“游戏段位”。等到这本书出版的时候，希望我已经驯服这个“坏男孩”了。

我爱类维生素 A！我从上大学开始就一直用它，那时我有重度囊肿性痤疮，所以管它脱不脱皮呢。在我快 30 岁的时候，我的皮肤对类维生素 A 的耐受性发生了变化，所以我不得不调整使用次数，但浓度必须还是 1%！总的来说，我对结果很满意。它不仅能帮助我抑制痤疮复发，在消除痘印方面也颇有成效。我的建议就是要有耐心。如果你能度过最初的难关，它将会是你的护肤程序中相当满意的一步。

傅欣慧

类维生素A常见问题解答

1

问：我应该在哪一步使用类维生素 A？

答：类维生素 A 通常是霜状或油状的，所以在使用精华液之后、保湿霜之前使用它们。有些视黄醇产品本身的保湿效果就非常好，几乎可以取代你的晚霜。

2

问：我已经用了 10 多年类维生素 A 了，有什么坏处吗？

答：没有！你如果注意到皮肤的敏感程度在变化，可能需要考虑是否该调整使用频率或偶尔停用。但从长远角度来看，使用类维生素 A 并没有坏处。唯一需要停用类维生素 A 的时期只有孕期和哺乳期。

3

问：我换了品牌，但视黄醇的浓度还是 0.5%，可是我的皮肤却产生了不同的反应，这是为什么呢？

答：视黄醇广受欢迎，因此化学家们一直在努力改良配方，其中可能包括舒缓成分或最新的包埋技术。这就可以解释为什么使用相同浓度的不同产品会导致不同的反应。至少先使用 8 周，然后看看皮肤有什么反应。

4

问：我想使用类维生素 A，但我没有痤疮。我在选择产品时有什么需要注意的吗？

答：如果你的皮肤比较干且想使用类维生素 A，可以搭配锁水力强的保湿霜，因为刚开始使用时的常见副作用就是干燥起皮。

5

问：我听说视黄醇不稳定，使用多久的视黄醇应该丢掉？

答：配方和包装都可靠的视黄醇产品在开封后仍可使用 1 年（注意查看包装标签）。一定要把它储存在合适的“吸血鬼”环境中！视黄醇降解的两个表现是颜色发生变化和外包装渗油。

维生素 C

护肤品行业中的维生素 C 类产品已经多到让人觉得品牌方在这一领域里已经做不出什么新花样了。事实上并不是这样！维生素 C 是护肤界的“全能选手”。几十年的临床试验证明，维生素 C 能够有效抑制自由基、促进胶原蛋白合成并提亮肤色。当然，维生素 C 类产品并不像看上去那么简单。你知道护肤品中含有多种维生素 C 类成分，并且这些成分并不相似吗？你知道优质的维生素 C 精华液闻起来像热狗吗？好吧，让我们深入研究一下这个化学家最喜欢的护肤成分！

为什么要用维生素C

维生素 C(抗坏血酸)对皮肤有 3 个主要作用: 预防衰老、改善肤色不均、减少细纹和皱纹。总的来说，维生素 C 是一种非常有效的局部抗氧化剂。

抗氧化剂与自由基

抗氧化剂（AOX）在美容和食品行业中都快要被说烂了，但大多数人并不理解它的真正含义。抗氧化剂是防止自由基造成氧化损伤的成分。听起来是不是很熟悉？如果你回头看看有关防晒的部分（从第 061 页开始），可能就能想起自由基了。问题是，自由基无处不在。它们甚至在人体自身的细胞功能中发挥着重要作用。但就皮肤而言，自由基是一种高度活性分子，因阳光照射、红外线 A、香烟烟雾、压力等因素而产生。给你讲个故事来解释自由基对细胞的损伤，怎么样？

自由基的故事

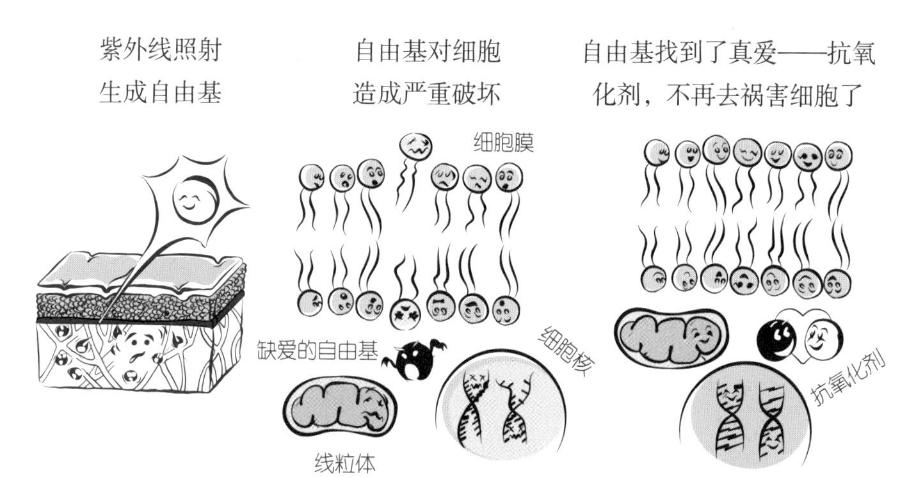

很久以前，过多的阳光导致皮肤中产生了自由基。自由基非常不稳定，时刻都在想方设法找到自己丢失的电子，与之重新结合。于是，它们对皮肤细胞及其主要组成——细胞核、线粒体和细胞膜大打出手，导致皮肤细胞死伤惨重。自由基直到找到了抗氧化剂才平静下来，皮肤细胞和整个皮肤王国终于迎来了和平、宁静。

一日一橙，远离坏血病

趣味知识！早在维生素 C 被用于护肤之前，18 世纪的航海者就发现足量摄入水果可以预防坏血病。事实上，“抗坏血酸”（Ascorbic Acid）这个名词正是来源于坏血病的拉丁名 scorbutus。维生素 C 在 20 世纪初被鉴定、分离和合成。然而，直到 20 世纪 90 年代初，维生素 C 才开始进入护肤品领域。1992 年，修丽可（Skinceuticals）的创始人谢尔顿 · 皮纳尔（Sheldon Pinnell）博士率先研制出了著名的维生素 CE 阿魏酸复合修护精华液，并获得了专利（现已过期）。自那时起，维生素 C 精华液就成了许多人抗衰老护肤程序中的“常驻嘉宾”。

世界各地的维生素 C

日本有一类产品叫作“药用化妆品”（quasi-drugs）。在我们看来，这一类别的出现是因为有人曾说：“就功能而言，它有点像药物，但我们真的不想处理批准万艾可之类的东西所需的大量文书工作。”对于消费者来说，这意味着这一类产品比普通的化妆品拥有更多的测试及功效验证。在日本，美白产品非常受欢迎，且属于“药用化妆品”类别。其中，维生素 C 及其一些衍生物也因为非常有效而成为这一类别中的“重量级选手”。所以，心有疑虑的人不妨记住，这一类成分在日本是获得批准的！

维生素C：护肤品抗氧化剂中的“黄金斗士”

我们的皮肤拥有自带的天然抗氧化剂：辅酶Q10、谷胱甘肽过氧化物酶、超氧化物歧化酶、维生素E、尿酸、类胡萝卜素、黑色素和维生素C。听起来耳熟吗？没错，你也可以在护肤品中找到这些东西。这会让你自然而然地认为，所有在皮肤中发现的东西都对皮肤护理有好处，但事实并非如此。所有这些活性物质都需要经过测试，才能被证明确实能够渗透到目标部位并给皮肤带来益处。这就是左旋维生素C（L-AA，即纯维生素C）是最好的护肤类抗氧化剂的原因，它也是少数被证明具有局部抗氧化作用的成分之一。

维生素C不仅是一种抗氧化剂，还是一种极好的亮肤成分。万能的维生素C还被证明不管是单打独斗还是与其他提亮成分配合使用，都可以有效改善黄褐斑及色素过度沉着。你如果想了解更多关于如何对抗色素过度沉着的方法，可以参考我们在“护肤程序”部分中的详细建议，从第187页开始。

> 趣味知识！人类和豚鼠都属于少数不能自己制造维生素C的哺乳动物，这就是富含维生素C的饮食如此重要的原因。拿去不用谢，冷知识迷们！

此外，这种多功能分子甚至被证明可以促进胶原蛋白合成（至于为什么，你应该关心胶原蛋白，参见第112页）。其实，鲜有成分能被证实可以促进胶原蛋白生成。胶原蛋白是皮肤结构完整性的支柱，所以，这就解释了为什么维生素C还能帮助减少细纹和皱纹。

简言之，L-AA提供的3个主要好处是光保护、提亮肤色和促进胶原蛋白生成。有了这3个好处，L-AA不仅可以预防衰老，还能直接对抗衰老。它既能在短期内明显地提亮肤色，还拥有长期抗衰老的功效。

辟谣！

自制的柠檬汁能给我带来卓越的维生素C功效吗？

为了回答“柠檬汁可以用作维生素C精华液吗？”这个问题，让我们先来了解柠檬汁：

pH值约2.2

柠檬酸5% ~ 8%

维生素C约0.7克/毫升或0.7%（质量浓度）

大多数你能买到的优质的维生素C精华液含有5% ~ 15%的维生素C。从成分上看，我们可以得出这样的结论：含0.7%的维生素C的纯柠檬汁所提供的维生素C远比不上商店里精心配制的精华液。所以，还是把柠檬汁留在食物中吧。柠檬汁可以有效地“酸化”你的酸性屏障，但它的作用仅此而已。其实，一种物质进入人体内的途径很重要。所以，虽然从营养的角度来看，柠檬汁可能是不错的维生素C来源，但这并不代表它具有良好的外用功效。

认识维生素C家族

专业提示： 在我们开始之前，这里有一个快速解读成分标签的小提示。如果你不确定哪些成分是维生素 C 家族的，找名字里有“抗坏血”3 个字的成分就行了。

没错，维生素 C 实际上是整个分子家族的总称。我们刚才所说的那些好处呢？实际上说的是 L-AA。你其实能在护肤品中找到很多其他维生素 C 衍生物。到目前为止，这些衍生物的功效都比不上维生素 C。但是，其中有些还是很不错的，很适合想要尝试更稳定、更温和的维生素 C 类成分的人。如果你对维生素 C 衍生物感到好奇，这就来啦。

维生素 C 有“三宝”（好处）——提亮、光保护和促进胶原蛋白生成，我们可以据此来区分这些衍生物。当然，还有很多好处没有列出，但这 3 种是最常见的，下次你选购维生素 C 产品时就会发现。L-AA 的 pH 值较低，所以即使是 5% 的低浓度也不是所有人都能适应。下页的表格可以帮你寻找能有效替代维生素 C 的维生素 C 衍生物。祝购物愉快！

认识维生素 C 的最佳搭档：维生素 E 和阿魏酸

你有没有想过为什么维生素 C 要和维生素 E 及阿魏酸搭配使用？维生素 E（成分名为生育酚）和阿魏酸也是抗氧化剂，三者可以产生协同效应。在维生素 C 精华液中加入维生素 E 和阿魏酸，不仅可以减缓维生素 C 降解，还可以增强配方整体对抗自由基的能力。除了这些积极的副作用，这种搭配在嗅觉方面还有一个比较奇怪的副作用——肉味。没错，这并不是你的错觉。谁能想得到呢？“青春之泉”闻起来竟是一股热狗味！

	左旋抗坏血酸	抗坏血酸磷酸酯镁	抗坏血酸磷酸酯钠	抗坏血酸葡糖苷	抗坏血酸乙基醚	抗坏血酸棕榈酸酯
描述	简称L-AA 从功效来说，它算是维生素C家族中的“天花板”。但你如果对它很敏感，继续看下去，给自己选一个最好的替代品	简称MAP 研究数据显示它可以改善黄褐斑	简称SAP 研究数据显示它有助于改善痤疮	简称AA2G 在日、韩护肤产品中很流行	简称Et VitC 有关它的研究数据并不是很统一	简称“垃圾” （开玩笑啦）
目标pH值	低于3.5	7	7	不重要！这家伙很好相处	5.5	低于3.5
有效浓度	5%～20%	至少5%	至少5%	至少2%	至少 2%	5%～20%
功效	几乎全能！它在发挥维生素C三大功能方面真的是“黄金斗士”	对抗色素沉着方面的一种辅助成分	它在发挥维生素C三大功能方面的表现确实一般，但它的优势在于有数据表明它有助于改善痤疮	对抗色素过度沉着，并可能促进胶原蛋白生成	通常的定位是对抗色素过度沉着的成分	问得好！用了差不多等于没用。它基本对什么都没啥好处
缺点	它就是“黄金斗士”！没有什么是它不擅长的	不适合单独使用。确实没什么数据显示它有独当一面的能力	它在促进胶原蛋白合成方面的效果是最差的，所以我们不建议成熟肌肤使用它	作为抗氧化剂的效果不怎么显著	除非其他类型的维生素C你都用不了，否则我们不推荐使用它	如果某种维生素C类产品只含抗坏血酸棕榈酸酯，千万别买

L-AA的应用

L-AA类产品非常不稳定。三大因素——阳光、水和氧气极易加速L-AA降解，更别说还有温度能够加速维生素C降解的整个过程。所以，这意味着我们化学家必须在维生素C的配方上多一些创意。这就是你能在市面上找到各种各样的维生素C产品的原因。下面是快速解析！

传统精华液

不在实验室如何鉴别：快速浏览一下成分表。第一种成分是水吗？那它就是传统精华液！这是一类经典的水基精华液。

优点：容易上手。这类产品是最简单的！使用方法和所有水基精华液一样。我们推荐大多数人使用这种类型。

缺点：保质期不理想。即使是经典的维生素C、维生素E、阿魏酸复配精华液，没有合适的储存条件时也无法保证维生素C的稳定性。储存在阴暗、凉爽的地方，每次开启使用后确保完全拧紧瓶盖。哦，还有一个缺点，我们提过它闻起来像热狗吗？

专业提示：鉴于这是一种水基精华液，你应在洁面后的第一步使用它。

硅基 / 油基精华液

不在实验室如何鉴别：第一种成分不是水吗？你有没有瞥见一些如角鲨烷或硅油这类的油性成分？这很可能是一种油基精华液。

优点：它比传统的水基精华液更稳定。这类产品的维生素C并非溶解在水中，而是被分散成细小的L-AA颗粒后悬浮在油中。

缺点：这类精华液的肤感不太好，不是第一次使用就会喜欢上的感觉。它通常有些粗糙，而且感觉有点太油腻了。

专业提示：没错，我们的确刚刚说过，维生素C精华液应该用在洁面后的第一步，但油基精华液是个例外。你如果同时还会使用爽肤水或保湿精华液，应该在爽肤水或精华液之后使用这类油基精华液。你不会希望这类产品中厚重的硅脂妨碍皮肤吸收其他好成分！

粉类产品

不在实验室如何鉴别：粉状的东西应该不难辨认吧。

优点：目前为止最稳定的产品类别。如果考虑到它的活性成分含量，它还是相对便宜的。

缺点：真的很脏！都是因为这些维生素 C 粉末，我们的梳妆台免不了会看起来像用过违禁药物似的。

专业提示：L-AA 是水溶性的，所以最好把它溶解到你的爽肤水或精华液中，以便它最大限度地发挥功效。一定要快速浏览一下成分表！

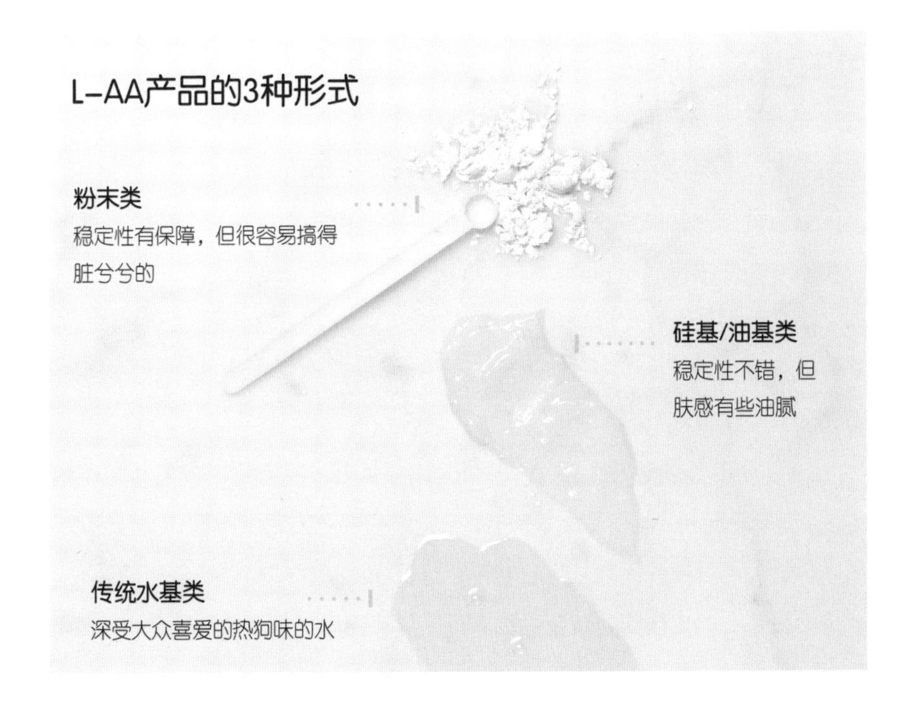

维生素C类产品的稳定性

不管你选择什么样的产品，稳定性都是最重要的。把产品放在容易遗忘的角落，直到春季大扫除才发现，我们也干过这样的事。但是，维生素C是一种开封后就应该尽快用完的产品。刚开始它应该是淡黄色，即使变得有点像橘色，它仍然是有效的，但这是在提醒你快点用完。和上等威士忌的颜色一样了？那么就换新的吧。

维生素C疑难解答

如果你不知道如何开始，或者在维生素C之旅中感觉有点找不着北，不妨考虑以下问题吧：

它应该用在护肤程序的哪一步？ 维生素C应该用在你早上洁面后的第一步——在使用保湿霜和防晒霜之前用。如果你原意，也可以晚上使用它！

刚开始用什么好？ 可以从5%的低浓度L-AA精华液开始。

准备好升级了？ 试试L-AA浓度为15%的经典维生素C、维生素E、阿魏酸复配精华液。

15%会不会刺激性太强了？ 别担心！5%的L-AA精华液依然是有效浓度。如果你觉得5%还是很刺激，那么是时候寻找其他维生素C类分子了。

你最关心的皮肤问题是抗衰老吗？ 建议你尝试抗坏血酸磷酸酯钠。

你最关心的皮肤问题是色素沉着吗？ 建议你尝试抗坏血酸葡糖苷。

备忘录
维生素C要点总结

化学家指南

· L–AA 是维生素 C 家族中的“尖子生”，是经过验证的抗氧化剂、抗皱剂和抗色素沉着剂。

· 尽管 20% 的 L–AA 精华液非常流行，但 5% 的浓度就能发挥作用。

· 在白天，L–AA 精华液和防晒霜能组成完美搭档，但它也可以作为夜间精华使用。

维生素 C 类产品的起始浓度推荐

新手  从 5% 的 L–AA 精华液开始。

老手  可以使用 15% ~ 20% 的 L–AA 精华液。

敏感肌  命中注定你用不了 L–AA。寻找类似抗坏血酸磷酸酯钠和抗坏血酸葡糖苷的替代品吧。

化学家的专业提示

· L–AA 精华液的保质期很短。淡黄色是可以接受的，它一旦开始变得像不新鲜的香蕉一样时就不能用了。

· 储存在“吸血鬼”环境中（也就是凉爽、阴暗的地方）。

· 刚做过医疗美容？注意，在做过高强度的医疗美容护理后，你的皮肤可能会变得有些敏感，这时你可能需要暂时停用维生素 C。

个人使用感受

吕恒欣

维生素 C 是“四巨头”成分中我最喜欢的一种！我的皮肤对 L-AA 的耐受性非常强。我可能已经试过了市面上所有不同浓度和 pH 值的维生素 C 类产品，完全没有感受到刺激性。虽然单靠维生素 C，我的皮肤色素过度沉着问题并无明显改善，但使用 L-AA 精华液时的提亮功效非常明显。不过，我最喜欢的形式其实是粉末类维生素 C，因为我不太喜欢往脸上涂 845 783 种产品。但我浴室的洗漱台无疑被那些粉末弄得有点可疑。

L-AA 是我目前没感觉到有什么特别功效的成分。当我使用类维生素 A 时，我的皮肤会对 L-AA 有点敏感。但我还是想说，我仍然会将它当作一种抗衰老产品认真地使用。我会长期坚持使用，希望我的胶原蛋白能为我多撑一段时间。

傅欣慧

维生素C常见问题解答

1

问：吃柑橘类水果对我的皮肤有帮助吗？

答：吃柑橘类水果虽然是身体获取维生素 C 的好方法，但这并不能非常有效地带来我们刚才讨论过的护肤功效。

2

问：在脸上贴柑橘类水果对我的皮肤有帮助吗？

答：呵呵……请看第 131 页的“辟谣”部分。

3

问：我听过很多关于维生素 C 的好处，但我的皮肤好像很敏感，每次用它的时候都会有刺激性反应。我做错了什么？

答：这有可能是一种“过犹不及”的表现。如今，你可以找到浓度为 20%、25%，甚至 30% 的 L-AA 精华液！试着换用维生素 C 含量较低的产品或其衍生物，或者干脆将它稀释到你的保湿霜中使用。如果你仍然有刺激感，那可能维生素 C 就是不对你皮肤的脾气。请看第 133 页，从其他抗氧化剂中选择你最喜欢的吧！

4

问：富含抗氧化剂的食用成分可以帮助护肤吗？比如巧克力混合磨砂膏。

答：这个还真没有用。事实上，你所需要的浓度（大约 10%）对于食物来说是相当高的，而食品储藏室里的东西难以接近那个浓度。

5

问：既然它被称为抗坏血酸，它的肤感或效用和其他酸类衍生产品相似吗？

答：不像！ L-AA 和甘醇酸这类酸的作用机制不同。

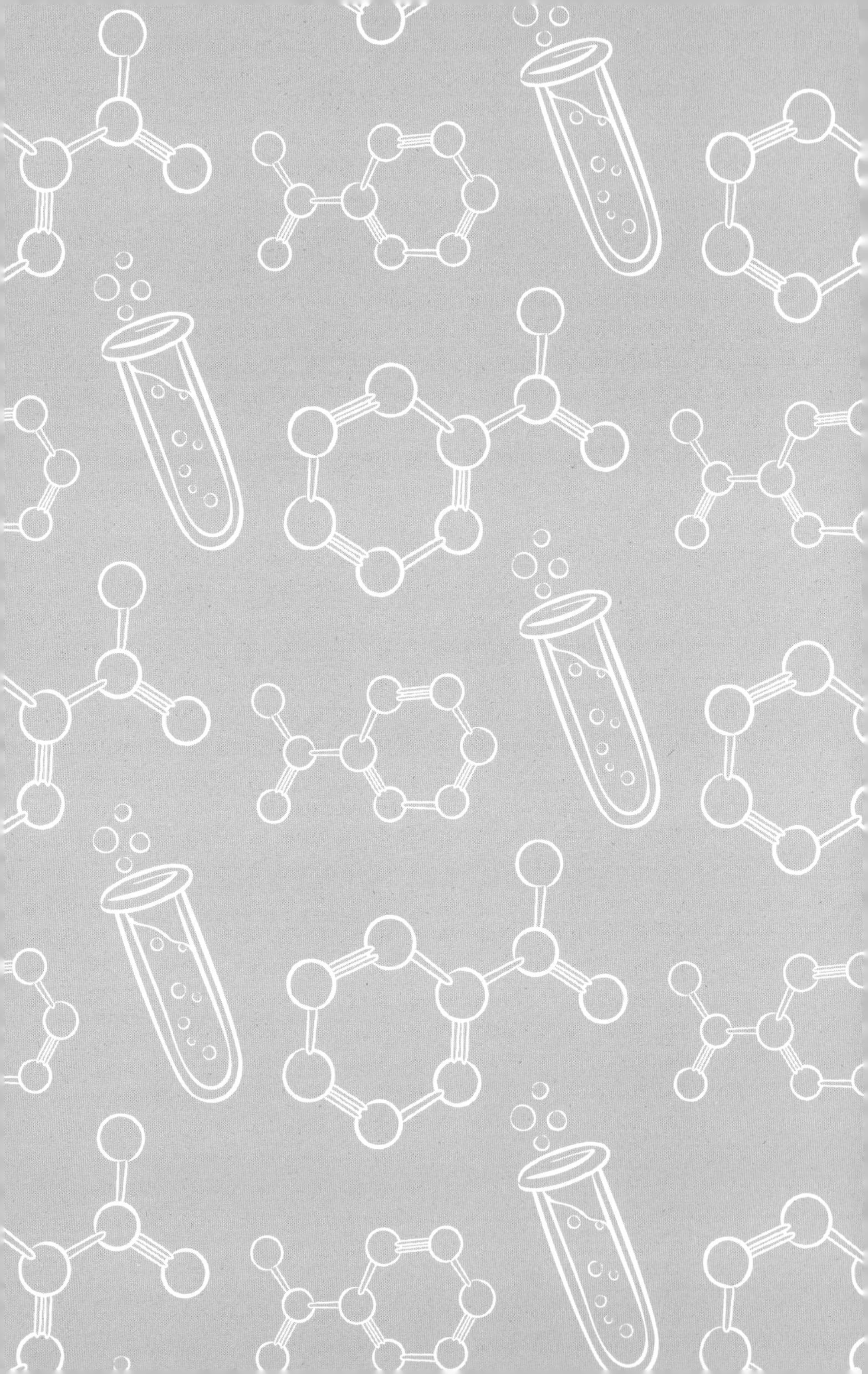

烟酰胺

快看看你所有护肤品的成分表。你可能会震惊于烟酰胺在你的日常护肤中出现的次数。烟酰胺是维生素 B_3 的一种衍生物，对皮肤的好处不胜枚举。几十年来，它一直默默扮演着辅助性的配角，但近年来它终于得到了应有的关注。虽然并非烟酰胺的所有作用机制都已被完全了解，但人们已经发现它可以帮助控油、强化皮肤屏障，甚至对抗色素沉着。下面，让我们一起来认识一下护肤界的终极活性“变色龙”——烟酰胺。

为什么要用烟酰胺

烟酰胺是维生素 B_3 的一种衍生物，也是个多才多艺的角色。“化学家的告白”时间到！烟酰胺很容易复配，所以各类产品中都常常添加这种活性成分作为一种“保底功效”。近年来，随着烟酰胺越来越受欢迎，各类产品——精华液、修复液、保湿霜，甚至身体乳中都出现了它的身影。这很棒，因为烟酰胺的功效可不少。但是，很多产品中都有烟酰胺，所以它的实际用途令人十分费解。因此，要想好好地利用烟酰胺，首先要弄清楚它到底是干什么用的。

烟酰胺是怎样发挥作用的?

这一机制尚未被彻底理解，但不乏一些令人欣喜的发现。你应该注意到了，书中几个部分的主基调都很统一，化学家最喜欢的活性成分都是多功能的。烟酰胺当然也不例外。

遗憾的是，与其他活性成分相比，对烟酰胺在“皮肤生物学”方面的研究不是很详尽。科学实际上是相当复杂的。烟酰胺与新陈代谢直接有关（还有人记得高中生物里的卡尔文循环吗？）。简单来说，这意味着烟酰胺碰巧与很多生物途径有关。不仅如此，它的抗糖化功效也被广泛研究。

糖化是一种涉及游离糖的反应，该反应最终会生成晚期糖基化终末产物［英文缩写为 AGE（有衰老的意思）］。而且，这个首字母缩略词正如字面上看起来一样吓人，因为这些 AGE 会削弱皮肤组织的弹性，影响血管、肌腱和某些特定疾病。

烟酰胺能加强健康的皮肤屏障并改善肤质。研究表明，面霜的烟酰胺浓度只需达到 2% 就能长期改善皮肤含水量和皮肤整体屏障功能。这对大干皮的人来说真是个天大的好消息！增强皮肤屏障功能意味着你的皮肤即便在寒冬也能更好地锁住水分。目前的普遍理论是，烟酰胺能够促进角蛋白和神经酰胺的合成，这两种物质都对健康的皮肤屏障有重要作用。

烟酰胺是一种油性皮肤调节剂。控油是件非常令人沮丧的事，因为几乎没什么东西能够做到长期控油。事实上，大多数控油产品都只是利用吸油粉控油。好消息！烟酰胺正是少数几种只要坚持按照 2% ~ 4% 的局部浓度使用就能够长期调节皮脂状态的成分之一。这其实也在意料之中，还有

别名维生素PP

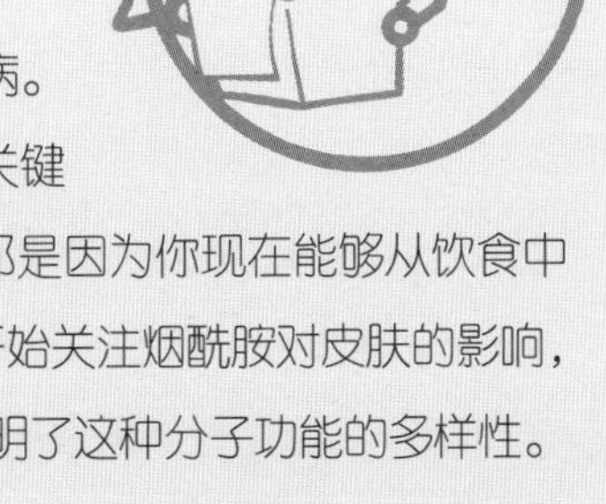

维生素 B_3 也叫维生素 PP，用于预防糙皮病。它在 20 世纪 20 年代被确定为预防糙皮病的关键营养物质。你可能都不知道什么是糙皮病，那是因为你现在能够从饮食中获得维生素 B_3。直到 21 世纪初，研究人员才开始关注烟酰胺对皮肤的影响，之后研究就开始飞速发展。一系列的研究都表明了这种分子功能的多样性。这些研究证明，烟酰胺能促进神经酰胺的产生，减少色素沉着，甚至能减轻痤疮的严重程度。

世界各地的烟酰胺

烟酰胺有多受欢迎？它似乎是人人都能接受的分子。很多韩国美妆品牌都将它作为主要成分之一，它是 2018 年的中国网络热搜词之一。它流行到药妆品牌如 CeraVe（适乐肤）、医用品牌如 PCA Skin，甚至一线大牌如 SK-II 和 La Prarie（莱珀妮）中都有它的身影。所以，烟酰胺异常火爆，这也意味着它无处不在。请看一下成分表，确保你买的产品里没有太多重复。

研究表明，烟酰胺能够有效改善痤疮，甚至还能收敛毛孔。烟酰胺是如何做到这一点的还不太清楚。皮脂的产生是一个复杂的过程，最近有一些研究试图了解烟酰胺在这个长达 10 页的生物途径中的哪一步发挥了作用，我们期待结果能早日揭晓。

烟酰胺可以帮助解决讨厌的色素沉着。临床研究证明，烟酰胺可以在低至 2% 的局部浓度下有效地改善色素沉着。烟酰胺针对的生物途径使得它的提亮功效很特殊。大多数用于提亮的超级明星成分——对苯二酚、曲酸和维生素 C 的角色是酪氨酸酶抑制剂（第 188 ~ 189 页有详细介绍），但是烟酰胺和它们不同，烟酰胺其实是在更后面的步骤中发挥作用以阻止色素转移的。它以黑素小体为目标，阻止这些细胞转移色素。也就是说，烟酰胺和其他超级明星成分不是竞争关系，而是协同关系，可以让产品事半功倍。

好处真不少，是吧？它还能更好。从化学家的角度来看，在所有的活性成分中，烟酰胺是最温和的一个，也就是说，用它配制任何产品都很容易，面霜、凝胶、精华液、爽肤水都行。所以，在日常护肤中加入烟酰胺基本上能让所有人获益。那么，让我们看看如何在日常护肤中最好地利用这种“宝藏”成分吧！

> “烟酰胺似乎是终极的多线程处理器。它能维持你的皮肤屏障健康、有助于油性皮肤控油，还能搞定讨厌的色素沉着。还有什么是它干不了的？”

我需要用多少烟酰胺？烟酰胺已被证明只需 2% 的浓度即可生效，但其实很多测试是在 4% 的浓度下进行的，所以对于大多数人来说，浓度为 4% ~ 5% 的烟酰胺产品是不错的选择。如果你是敏感肌，2% 的烟酰胺浓度是很好的起点。由于烟酰胺与大多数活性成分复配良好，所以很多品牌都会直接将其添加到各种产品中。一定要记得查看你看中的产品的成分列表，以便大致了解你现在的护肤程序中已经使用了多少烟酰胺。

最近，一些品牌开始推销烟酰胺浓度为 10% 或更高的精华液产品。这着实有些过犹不及了！虽然烟酰胺很温和，但如果添加到完全没有必要的高浓度，它一样会对皮肤产生刺激。请谨慎决定是否要使用这些高浓度的产品。

辟谣：关于烟酰胺搭配维生素C的辩论大战

如果你在网络上搜索了烟酰胺的各种信息，你就会陷入是否应该将烟酰胺和维生素 C 搭配使用的辩论大战中。

问题：维生素 C 和烟酰胺溶于水时都是透明的，但当两者结合时就会形成黄色液体。

这……不好吗？在“不要混用”阵营中，有人认为这种相互作用会导致两种成分失去功效或引起刺激。但有一项研究表明，二者搭配使用依然对皮肤有好处。

那么，问题不大吧？大多数情况下，我们完全不用担心这种搭配用法！事实上，在日常护肤中同时使用这两种成分可以有效地解决色素沉着问题。

成分解析：维生素原B_5

当我们谈到皮肤护理的 ABC 时，B 通常指的是维生素 B_3 的衍生物——烟酰胺。但是，护肤界还有另一种值得注意的 B 族维生素。

我们在保湿那一部分（见第 037 ~ 059 页）曾提到过维生素原 B_5——泛醇，它就是一种很好的保湿成分，具有多种补水功效。

保湿剂：帮助皮肤锁住水分。

舒缓成分：舒缓干燥、敏感的肌肤。

泛醇有个特质，它是一种非常黏稠的物质！所以，含有大量泛醇的面霜通常非常厚重、黏腻。幸好低剂量的泛醇也是有效的，你可以把它看作保持皮肤稳定和滋润的一点额外补充。总而言之，虽然泛醇和烟酰胺都属于 B 族维生素的衍生物，但它们的作用天差地别，不过它们都能很好地与其他成分搭配使用，对你的皮肤屏障大有益处。

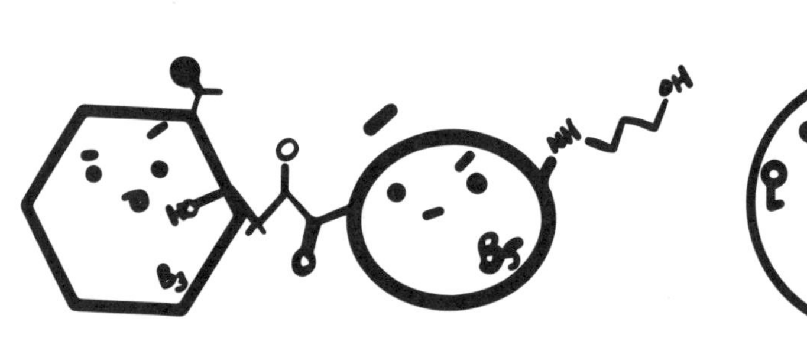

如何选择烟酰胺产品

烟酰胺似乎真的无所不能：它可以为干燥、受损的皮肤巩固健康的皮肤屏障，帮助油性皮肤控油，甚至有助于解决讨厌的色素沉着和肤色不均的问题。所有这些功效都只需要 2% ~ 5% 的浓度。那么，我们该如何在护肤程序中加入这种成分呢？

检查你现在的护肤程序

先查看你已有产品上的标签，你可能会惊讶地发现不少护肤品中都含有这种成分。在护肤程序中融入烟酰胺的关键在于确保你最终没有叠加使用过多的烟酰胺。烟酰胺实在是太多才多艺了，以致你很容易过度使用它，甚至可能没注意到脸上的 8 层产品都含有烟酰胺。

在你的保湿霜中加入烟酰胺

烟酰胺的优点之一就是能和所有成分和睦相处。与其在护肤程序中使用单一的烟酰胺精华液，不如试一下化学家最喜欢的做法——把烟酰胺加到保湿霜里，这还可以节省一步护肤程序呢。时间就是金钱啊！

> 总结：我必须拥有这种成分，但先让我快速查看一下我的护肤程序！

化学家的购物技巧

一定要快速查看成分表。如果产品没有标明烟酰胺的浓度，那么只要烟酰胺排在成分表的前 7 位，它的浓度就是有效的。此外，烟酰胺真的是我们介绍过的活性成分中最好相处的了。除了个人偏好以外，在配方上真的没有太多需要考虑的。它真的是个很随和的家伙。

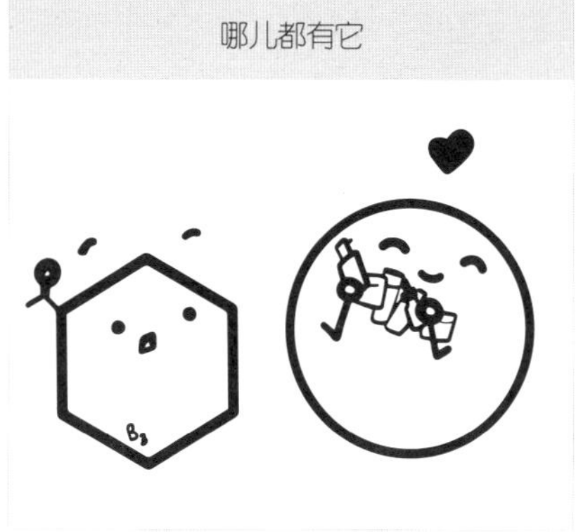

备忘录
烟酰胺要点总结

化学家指南

- 烟酰胺是护肤界的多面手。研究显示，它有助于加强皮肤屏障、减少出油、提亮肤色及收缩毛孔。
- 烟酰胺因为和大多数成分都很搭，所以各种护肤品中都会添加它，但你只需要 2% ～ 5% 的浓度即可。

不同皮肤类型的起始浓度推荐

新手 

敏感肌 　　2%～5%的浓度适合所有皮肤类型！很简单！

油性 

化学家的专业提示

- 越来越多的产品开始添加 10% 甚至更高浓度的烟酰胺。虽然大多数人在这种浓度下不会碰到太多问题，但是记住，想要看到效果完全不必达到那么高的浓度，而且也没有证据表明将烟酰胺的浓度提高 5 倍就能带给你 5 倍的功效。
- 查看你的护肤程序中使用的产品，你可能会惊讶地发现烟酰胺正到处“串门”呢。

个人使用感受

吕恒欣

告白时间又到了？烟酰胺可能是“四巨头”成分中我最不喜欢的一个。它似乎对我没有任何作用。如果我去掉其他成分，我会感受到区别。但对于烟酰胺来说，护肤程序中没有它的时候我从来没想念过它。但是，很多人都坚信烟酰胺有用，而且它确实也有支持数据。说真的，有关烟酰胺的大量研究几乎坐实了它“全能之神”的地位，但我真的觉得有没有它都一样。这充分说明了每个人的护肤之旅都是独一无二的！

还用说吗？！烟酰胺对我简直有奇效！我发现，使用烟酰胺的时候，我的皮肤对高浓度的功效护肤产品更耐受。但我没用精华液之类的东西。我很懒，我的护肤步骤越少越好，所以我特意找了含有烟酰胺的保湿霜，并把省出来的护肤步骤留给了其他“四巨头”之一！

傅欣慧

烟酰胺常见问题解答

1

问：我发现了一种含有 30% 烟酰胺的保湿霜。你觉得怎么样？

答：护肤有“过犹不及”这一说法。针对烟酰胺的研究大部分使用的是 2% ~ 5% 的浓度。没有证据表明 30% 的烟酰胺的效果是 5% 的烟酰胺的 6 倍。最容易刺激皮肤的情况就是使用超高浓度。

2

问：所有烟酰胺产品都差不多吗？

答：烟酰胺是一种非常温和、稳定的成分，它和维生素 C 及视黄醇不同，不需要为它的稳定性操心。烟酰胺也不像酸，不需要特别注意它的 pH 值。所以，除了浓度，大多数烟酰胺类产品是很相似的。

3

问：护肤品中使用的各种 B 族维生素有什么不同吗？

答：护肤品中常见的两种 B 族维生素是烟酰胺和泛醇，它们是两种完全不同的分子。虽然泛醇不能像烟酰胺一样对抗色素沉着，但它的补水效果比烟酰胺更好。我们喜欢搭配使用这两者！

4

问：如果我用烟酰胺改善色素沉着问题，它会让我的皮肤变得苍白吗?

答：不会！它能影响黑色素转移，但不会截断它。

5

问：烟酰胺用多了会导致控油过度（从而引起干燥）吗?

答：不会！这是烟酰胺最棒的一点，它其实可以改善屏障功能。所以，烟酰胺既能调节皮脂，还能同时提高皮肤的保湿能力。

其他活性成分

护肤品行业一直在搜寻下一个“奇迹”成分。除了我们刚刚讨论过的“四巨头”之外，还有成千上万的活性成分正在以“你必须拥有的青春之泉”为卖点来营销（当然还有一大波正在赶往营销的路上）。这种情况就很复杂了。这些成分覆盖了从有效植物性成分到纯蛇油的所有类别，如各种各样的植物性成分，甚至胎盘这样奇异的东西！这个类别的信息纷繁复杂，让我们一起捋一捋，看看这座“秘密花园”里究竟有些什么。

为什么要用其他活性成分

我们在前文用大量的篇幅介绍了护肤成分“四巨头”针对各种皮肤问题的可靠功效。一旦你把冒险的脚步迈向“四巨头”以外，你就进入了活性成分的狂野之境，这里的语言花样百出，结果也晦暗不明。少安毋躁，我们还是会介绍一些这个类别中很棒的活性成分，它们既可以单独使用，也可以和你的核心活性成分搭配使用。我们总结了一些当下流行的或我们认为值得一提的活性成分（见下页），接下来我们会讨论如何挑选这些成分，以及在挑选的时候需要注意什么。

比较保险的方法是将这些成分与“四巨头”中的几种搭配使用来解决你的皮肤问题。时刻记住“化学家十诫”第 9 条：任何新产品都要经过斑贴试验。

解密成分表

在成分表中应该注意什么

在之前的“四巨头”的讨论部分中，我们提供的指导主要围绕活性成分应当对症下药且剂量合适，这对于烟酰胺或 L-AA 这类功效确凿、经过临床验证的分子来说相对容易，但在植物提取物这个领域就很难说了。这是因为植物提取物是以某种溶剂（通常是水）稀释的多种有益成分的混合物，混合物的种类会根据需要的功效而变化，而这些提取物本身的品质也会因一些因素而产生变化。挑选出最好的植物提取物是化学家的工作之一，但这对你来说却意味着弄清一种产品是否使用了高品质的提取物及提取物的剂量是否合适，这是一件相当困难的事。一个基本的经验法则是，你想要的提取物成分最好排在成分表的前半部分。

其他活性成分速览

	抗衰老	舒缓	抗氧化	保湿	改善痤疮
蜂毒	–				+
咖啡因	–				
积雪草		+			
辅酶Q10（CoQ10）			+		
表皮生长因子	–				
半乳糖酵母样菌发酵产物滤液	–				
洋甘菊		+			
绿茶提取物		+			+
乳酸杆菌发酵产物	–				
硫辛酸			+		
低分子量透明质酸	+			+	
麦卢卡蜂蜜				+	
水飞蓟		+	+		
肽（胜肽）*	+	+			
蜂胶提取物				+	
蜂王浆				+	
超氧化物歧化酶（SOD）			+		
蜗牛黏液	–	–		+	
姜黄		+			

* 取决于肽的种类。并不是所有肽的功效都是一样的。

图例

尚无证实	+ 很有潜力
广泛证实	– 需要更多验证

积雪草

皮肤功效：这种神奇的舒缓成分甚至对伤口愈合有一定的功效。

产品提示：这是一种热门成分，你会发现许多舒缓类精华液和面霜都以它为主要成分。但复杂的是，很多成分都来自积雪草，这些成分有的是直接提取物，有的是经过分离得到的化合物（如羟基积雪草苷）。以下是我们对这些成分的总结，你可以选用含有我们所推荐成分的精华液或保湿霜，且该成分需要位于成分表的前半部分。

在成分表中要注意什么？

· 选这些：羟基积雪草苷、积雪草皂苷、积雪草酸、羟基积雪草酸。

· 别选这些：积雪草提取物、积雪草汁。

洋甘菊

趣味知识！成分表中的大多数植物性成分都是亲水性的，但是洋甘菊是一种独特的、具有清淡怡人香气的深蓝色精油。

皮肤功效：这种植物性成分的主要作用是舒缓皮肤。有趣的是，有些研究表明它还可以缓解色素过度沉着。总之，它是个很棒的辅助成分！

产品提示：一定要找含有红没药醇而不是洋甘菊提取物的产品。红没药醇可能没有其他流行的竞争对手那么引人注目，但它是经过长期验证有效的可靠成分！洋甘菊是油性的，所以你会在很多舒缓保湿霜中看到它。

在成分表中要注意什么？

· 选这些：红没药醇。

· 别选这些：洋甘菊花精油。

姜黄

皮肤功效：姜黄在印度传统医学中经常用到，

它似乎在所有方面都有功效，据说它能抗氧化，舒缓皮肤，对抗色素沉着、痤疮丙酸杆菌，你能想到的方面它都有。从现代临床研究来看，姜黄在作为舒缓剂方面的效用最好，它也可能有抑制炎症性痤疮的功效（对抑制炎症性痤疮这点请持保留态度）。

在成分表中要注意什么?

经过分离的化合物和提取物比精油的浓度更高、刺激性更低。

- 选这些：四氢姜黄素、四氢姜黄素二乙酸酯、姜黄根提取物。
- 别选这些：姜黄精油。

水飞蓟（水飞蓟素）

皮肤功效：这是最有趣的植物性成分之一！它对局部皮肤的功效有大量数据支持，事实上，有一项研究表明局部外用 1.4% 的水飞蓟素产品可以减轻色素过度沉着，其效果与抗色素成分对苯二酚的效力相当。甚至有一项研究证明它能够针对糖化途径起到强力的抗衰老作用。

在成分表中要注意什么?

- 选这些：水飞蓟提取物、水飞蓟果提取物。
- 别选这些：水飞蓟籽油。

舒缓成分特别提示

我们认为，舒缓成分就是视黄醇、甘醇酸这类强力、速效的活性成分的重要对抗者。皮肤受到过度刺激会出现反复的炎症和干燥，这些对皮肤的长期护理十分不利。所以，护肤程序中有一些好的舒缓成分是很重要的。除了植物提取物外，我们还推荐你尝试一下尿囊素和胶态燕麦粉，它们其实是经 FDA 认可的非处方类成分，具有皮肤保护剂的功能。经证实，积雪草、洋甘菊和水飞蓟都有一些额外功效，如抗氧化或提亮肤色。

绿茶提取物

皮肤功效：你可能也发现了很多产品都有关于绿茶提取物的神奇功效的宣传语。但事实是，临床测试显示绿茶提取物只有两种功效——舒缓和抑制炎症性痤疮（这点很意外）。很多产品都吹捧绿茶含有抗衰老成分，具有各种绝妙的抗氧化功效。但这点尚未在体外试验之外获得证实。

在成分表中要注意什么?

这个问题很难回答！很多来源不同的绿茶提取物的成分名称完全相同，这有点像看看谁用的绿茶成分的形式最有效的竞猜游戏。为了提升猜对的概率：

· 选这些：表没食子儿茶素没食子酸酯（EGCG）、位于成分表的前半部分的茶树叶提取物。

· 别选这些：茶树叶汁。

其他活性成分主要来自哪里?

植物：洋甘菊、姜黄、积雪草等。

微生物：乳酸菌、半乳糖酵母样菌发酵产物滤液、神经酰胺等。

动物：蜗牛黏蛋白、羊毛脂、蜂类产品等。

蜂类成分大家族

麦卢卡蜂蜜：因可促进伤口愈合的特性而广受欢迎，但这种受欢迎只是为了给它在护肤品市场上的名气造势，所以别太把它当回事。

蜂胶：被韩国美妆市场炒热的成分。大多数研究都是在体外、动物或开放性伤口试验中进行的，我们不清楚这种成分对皮肤有什么实际影响。

蜂王浆：用于保湿。

蜂毒：常被定位为抗衰老成分。少数有趣的临床研究使用蜂毒治疗痤疮。说到底，它仍然是相当神秘的成分，它的很多数据都是受专利保护或保密的。

解密成分表

抗氧化剂小知识

抗氧化剂是一类时尚的护肤成分，它的灵感往往来自食品。这导致护肤品中常常含有各种各样的植物性抗氧化成分，包括常见的蓝莓提取物及其他怪异的成分。别忘了，抗氧化剂的首选还是 L-AA，但还有一些替代品也值得留意！我们的建议是每天早上护肤时使用抗氧化剂，并且用在防晒霜之前。

白藜芦醇：它是在葡萄中发现的抗氧化剂。许多品牌标榜自己的产品含有白藜芦醇，但真实添加量并不足以产生任何实际效果。可以选择具有更多皮肤科学背景的品牌，且产品中白藜芦醇的浓度要达到 0.5% 左右。

硫辛酸：一项权威的研究表明 5% 的硫辛酸可以有效地减少光老化的痕迹。鉴于硫辛酸需要高浓度才有效，我们不建议选择硫辛酸排在成分表第 5 位之后的产品。

辅酶 Q10：它也被称为泛醌，是人体细胞功能中自带的且不可分割的一部分，是皮肤抵御外部干扰的天然防御系统的重要组成部分。辅酶 Q10 的局部外用浓度需要达到 0.5%，而且最好与维生素 E 搭配使用。

超氧化物歧化酶：它也是一种酶，是人体自带的抗氧化防御系统的一部分。虽然它是一种很流行的成分，但我们还在观望中。它具有促进伤口愈合和舒缓的特性，但这些数据均来自受损皮肤，目前它的美容功效尚未完全明确。不管怎么说，它不是我们首选的护肤抗氧化剂。

所谓的奇迹

这些活性成分中的大多数你可能都已经耳熟能详，它们在护肤品市场部主管的眼里都是璀璨的“宝石”，但从化学家的角度来看，它们可谓鱼龙混杂。

半乳糖酵母样菌发酵产物滤液

半乳糖……这又是什么？这种成分实际上正是 SK–II 公司著名的专利成分“Pitera”的真面目。你也可以在很多韩国美妆产品中找到它。

皮肤功效：这也是一种令人困惑、功效全面的成分。根据现有的临床证据，它的主要功效是通过调节皮脂生成来使肤质变得细腻光滑。

在成分表中要注意什么？

它需要排在成分表的前 4 位，这样才能保证其添加浓度足以生效！

蜗牛黏蛋白

皮肤功效：据说蜗牛黏蛋白能治疗痤疮、消除皱纹、改善肤质、补水，并且……搞不好还能带来世界和平？事实是，并没有任何科学研究支持这些说法。它作为额外添加的保湿剂还不错……但不管怎么说它都算不上必须拥有或必须尝试的成分。

在成分表中要注意什么？

嗯……如果你想要更明显的功效，还是去别处看看吧。不过，我们强烈建议大家看看黏蛋白是如何提取出来的，那是个相当有趣的视频！

乳酸杆菌发酵溶胞产物滤液

它和其他相关的乳酸菌成分是“改善皮肤微生物群”的宣传语中最常提到的一些成分。最好把它看作一种拥有强大屏障功能的辅助成分，它可以帮助你的皮肤长期锁住水分。

咖啡因

它虽是"网红"，但不算是很好的成分。咖啡因是护肤品中相当普遍的一种成分，但意外的是并没有什么数据表明它有很多功效。所以，别太相信咖啡因眼霜的宣传，对含咖啡因的纤体身体乳更是要打一个大问号！

肽（胜肽）

从消费者的角度来考虑，这是一个很难说清楚的成分。它的抗皱功效有很多有趣的数据支持，但这些数据通常都受专利保护，而且对于外行来说很难解读。如果想尝试此类产品，我们的建议是选其中研发更成熟的成分，如基肽（Matrixyl）和黑洛西（Haloxyl）。

表皮生长因子（EGF，别名"丁丁美容"）

2019 年，EGF 开始流行，一部分原因是这种面部美容方式在好莱坞明星中非常盛行，还有部分原因是它有个相当糟糕的绰号（我们知道你一定很好奇）。根据网上的说法，它的秘密成分是刚做过包皮环切手术的婴儿的包皮干细胞（这就是你们想要的答案！）。保险起见，让这阵风再刮个 5 年，看看它是否能得到真正可靠的科学支持，然后再考虑是否"上车"。

低分子量透明质酸

作为一种颇受欢迎的保湿成分，透明质酸通常是一种非常大的分子，它位于皮肤表面，能够锁住水分。不过有一些抗衰老产品使用了小得多的透明质酸，并将其定位为一种抗衰老成分，依据是更小的透明质酸能更深入、更有效地使皮肤丰满起来。确实有很多数据支持这一说法。它的缺点？有些人会对它有些敏感。所以，使用前一定要进行斑贴试验！

应用

最好把这些活性成分看作最佳配角，虽然它们在特定问题方面的功效可能不如“四巨头”成分，但它们提供的间接好处可能有助于舒缓皮肤或增强核心有效成分的功效。在查看成分表时，请记住以下 5 点：

分子 > 提取物 > 汁。一般来说，我们按照这种顺序进行有效性排名。举个例子，如果你想找一款舒缓、抗炎的植物性产品，那么比起洋甘菊提取物，我们更推荐含有红没药醇（洋甘菊提取物中的有效护肤成分）的产品。同理，你如果看中了积雪草的舒缓功效，最好选择羟基积雪草苷，积雪草提取物也可以，但是最好不要选积雪草汁。

浓度！浓度对提取物来说同样重要！但提取物的浓度通常参差不齐。一般来说，产品所宣称的提取物至少应该排在成分表的前半部分。清楚地标明成分的品牌值得加分！要的就是透明！

谨慎对待“富含 xyz”的提取物！在前文中，我们用一些数学题说明了我们为什么最讨厌这种宣传语。“富含……”这类宣传语听起来很不错，但稍加审视就会发现它其实没什么内涵。“富含维生素 C”和“5%L-AA”就是不一样。

鸡尾酒效应。通常，搭配使用有效成分会产生协同效应。（比如，你可能觉得搭配使用两种有效成分会得到 1+1=2 的功效，但协同效应的存在意味着结果可能是 1+1>2）。这就是我们喜欢那些对其专利混合物做了临床试验的品牌的原因。

不要轻信最新潮流。有很多领域都在进行激动人心的新研究，皮肤微生物群就是其中之一。但是，产品通常比科学超前 3 步！如果你发现市场上出现了一个前所未有的护肤新潮，我们通常会建议你等待数据更可靠的第 2 代或第 3 代！

护肤新潮流取样测试

护肤品行业一直在追逐最新、最棒、最吸引人的新潮流。这点我们懂，这正是选购护肤品的乐趣之一。不过，让我们对这些新潮流做个化学家取样测试，看看哪些是“潜力股”，哪些只是“高纯度废话”。

我真的应该担心吗？ 很大一部分新潮流都源于恐吓心理战术。例如，“你知道这个东西实际上是在压榨你的胶原蛋白，导致你的脸早衰吗？别慌，我们给你介绍一个奇迹成分”。有些恐吓确实有据可依，但有些则完全是夸大其词。

蓝光	红外线	污染物
损害程度言过其实，相关成分的科学证据不足，很难引起我们的注意	已证实会对皮肤造成长期损害，可用白藜芦醇等抗氧化剂对抗	它们的危害已被很严谨的临床研究证实，可用防晒霜和抗氧化剂对抗

这是其他行业炒作出来的吗？ 如果某种成分在其他领域成为一种潮流，那么要不了多久就会有人试着把它加到面霜里。这本身并不是什么坏事，只是这通常意味着最初几代产品几乎没有科学数据来支持它们的皮肤功效。

大麻二酚	适应原	超级食品
这种成分在护肤品中的功效还不为人知，但人们对它的兴趣极大，并且有很多研究正在进行中。未来几年一定会获得数据，对此我们很期待。另外，大麻籽油很轻薄（在国内护肤品中被禁用。——译者注）	截至目前，我们还没发现这一领域有什么特别值得注意的东西，不过确实有很多人对它感兴趣	从巴西莓到羽衣甘蓝，含有抗氧化剂的超级食品随处可见。我们还是建议你选用那些经过测试的成分作为你的主要抗氧化剂，但超级食品作为辅助成分倒也无可厚非

充满科幻感的高科技生物领域。这股新潮流最喜欢用花里胡哨的科学词汇了！从“DNA 修复”到“线粒体保护”，简直是一个前沿护肤科学与荒诞营销宣传语狭路相逢的迷惑领域。消费者想要弄懂这个领域是相当困难的，所以一定要关注严谨的临床研究。

生长因子	干细胞	微生物群
真的很新潮，简直是新得过分，很难说它们是否有效。它正是“丁丁美容”的源头。如果你想尝试这种美容方式，找一个信得过的靠谱美容师	这其实是新瓶装旧酒，况且干细胞有很多种。市场对它的接受度和反馈结果普遍不温不火。我们建议查看该类产品的临床试验结果以确认它们确实对皮肤有功效	这确实是个很有前景的新护肤科学领域，但它在产品层面还不是很完善。在接下来的5年里，请密切关注这方面的突破性进展

辟谣！

如果看到以下任何一种宣传语，请使劲挑起你高度怀疑的眉毛。

任何涉及“细胞改善”或“一晚见效”之类的宣传语都需要谨慎对待。

- 即刻焕活
- 只需一周即可抹去岁月痕迹
- 修复 DNA 损伤
- 激活能量产品
- 肌肤即刻亮白
- 为线粒体供能
- 24K 肌肤纯享
- 靶向成纤维细胞

个人使用感受

吕恒欣

我对这些活性成分是爱恨交织。"有效的植物性成分"是一个相当热门的话题，尤其是当下的护肤正趋于天然、清洁的潮流。但是，大多数植物性成分都基本没有现存的数据支持，同时它们还受到食品和其他健康趋势的影响。总的来说，这部分的初衷是展示一份可能值得尝试、但背后却几乎没什么数据支持的流行成分清单。这些成分中的大多数都是不错的辅助成分，可以提升日常护肤的效果。但是，我们认为这些成分可用于使那些更强效的、经过证实的成分"锦上添花"。

我觉得这些成分对我而言就像面膜一样都很有趣。新潮的活性成分会让护肤变得既有趣又刺激，我一直对这一领域充满好奇，但我在满足好奇心的同时绝对会保持严谨的态度。虽然它们都无法撼动我的常用护肤品的"正宫"地位，而且我也经常会对某些宣传语翻白眼，但只要价格合适……我可能还是会尝试一下。

傅欣慧

第三部分 护肤程序

168 护肤程序第一课
176 痤疮
184 色素沉着
194 抗衰老
202 购物指南

护肤程序第一课

讨论了护肤品的原理、功效和重要成分之后，终于可以把所有碎片拼起来了。在开始介绍痤疮、色素沉着和抗衰老指南之前，让我们先来看看构建护肤程序的一些基本规则。护肤程序第一课开始了！

有关护肤程序，我们建议从护肤的三大核心——洁面、保湿和防晒着手。记住，坚持精简的护肤程序比贸然使用含有 15 步的护肤程序更有帮助。少即是多，坚持是关键！如果你觉得信息量太大，可以参考以下提示，快速寻找相关的注意事项：

洁面（第 021 ~ 035 页）。你需要找到自己大部分时间（除了那些长时间化浓妆的日子）都能使用的主力洁面产品。这款洁面产品应该兼具温和性和清洁力，在清洁皮肤的同时又不会让皮肤过于紧绷或干燥。

保湿（第 037 ~ 059 页）。记住保湿产品的 3 类组成部分：保湿剂、柔润剂和封闭剂。完美保湿霜的秘诀就在于这三者的平衡。你的目标是找到一款既不会让皮肤感觉过于油腻，又能保持皮肤健康水润的保湿霜。同时，它也不能过于轻薄，否则你每过 2 个小时就需要补涂一次。

防晒（第 061 ~ 085 页）。选购防晒产品的准则就是质地为王。大多数人的防晒霜实际使用量远远少于推荐用量，通常就是因为他们不喜欢防晒霜的质地。选择一款你不介意全脸足量涂抹并愿意经常使用的防晒霜，以确保你有良好的保护措施来对抗光老化。

这三大核心一旦构建完毕，你就可以在此基础上逐渐加入有效成分并根据皮肤需求调整产品搭配；更重要的是，这样你就有了稳固的护肤基础，如果哪天你的皮肤突然闹脾气，你能知道哪些东西之前是有效的。所以，如果皮肤闹脾气了，回归基础就是了！

油性皮肤

油性皮肤很难处理，而且还常常出现过度清洁和保湿不足的情况。下面是如何找到合适的平衡点的方法。

洁面啫喱。油性皮肤人群的最大特点是要么总觉得一天至少要洗 2 次脸，要么就是会用那种洗完后因过分干净而导致皮肤极干燥的洗面奶。但你可能没意识到过度清洁会削弱皮肤的保湿能力，让你的皮肤陷入麻烦。如果你常遇到这个问题，那就试试更温和且用后皮肤不那么干燥的洗面奶吧，2 周之后再评估一下皮肤的反应。这么做你的皮肤很有可能会在午后就开始出油，坚持几周，让皮肤适应一下。椰油酰胺丙基甜菜碱是个不错的起点，它是一种优异的表面活性剂成分，并且不容易残留在皮肤上。

水凝霜还是 100% 水基的保湿啫喱？你可能觉得自己并不需要额外的水分，但油性皮肤并不等于水润的皮肤。如果你这样认为，只能说明你还没有意识到皮肤已经处于缺水状态。你一定得用保湿剂——含有最低浓度的轻薄油类或硅树脂的保湿啫喱即可。事实上，硅树脂更温和，能让皮肤呈现一种哑光感。如果你的皮肤特别油或你所在的地方气候非常潮湿，那么 100% 水基的保湿啫喱就可以满足你的补水需求。

许多油性皮肤的人都在尝试使用控油类的保湿霜和防晒霜。这些产品通常含有大量吸油粉。虽然这些吸油粉可以让你在晚餐时脸上不泛油光，但这些成分始终是治标不治本。

化学防晒霜选欧洲的还是亚洲的？我们一直在提醒大家要用防晒霜，尽管这些唠叨像用指甲刮黑板一样烦人，但防晒真的很有必要。一定要使用化学防晒霜，因为它的质地更轻薄，更适合油性皮肤。亚洲的防晒霜在配方上考虑到了更潮湿的气候，所以有一些很不错的质地轻盈的产品！

干性皮肤

诀窍就是叠涂！

卸妆油还是洁面膏？干性皮肤人群有项优势，那就是有好几种洁面方式可以尝试。温和的表面活性剂、卸妆油和洁面膏都是不错的起始点，它们既可以温和地清洁皮肤，又不会加剧皮肤干燥。卸妆油和洁面膏还有个加分项——能够轻松卸掉持久型化妆品。

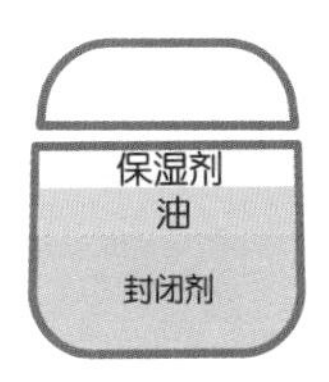

保湿霜。不论是霜、油还是油膏，叠涂就是了！对于干性皮肤来说，水基补水产品很重要，但是那些油类和油膏类产品的锁水功能同样重要。所以，你得成为一个叠涂大师。根据经验，第一层永远是水基产品，比如保湿精华水和精华液，然后再叠涂一层更厚重一些的、具有封闭效果的保湿霜。我们建议你手边最好再备一款油膏类产品，以便局部护理那些烦人的、极干燥的地方。

无酒精的化学防晒霜与物理防晒霜。小心“干爽”或“哑光”防晒霜，这类产品往往含有变性酒精和吸油粉等，会让你的皮肤在中午就开始发干。快速浏览一下成分表，确保酒精没排在成分表太靠前的位置。物理防晒霜也值得一试，它们的质地会更厚重。只要记得在皮肤上进行斑贴试验即可，因为并不是所有的物理防晒霜的成分都一样，有些不会让你过敏，其他的则未必。

特殊皮肤类型

混合性皮肤

对混合性皮肤人群而言，挑选护肤产品是一件极痛苦的事！既要担心局部起皮，还得防止中午就开始出油。以下是一些有针对性的护肤建议：

温和的洁面啫喱或洁面乳。对你来说，合适的洁面产品首先应该足够温和，而不是优先强调针对油性区域的强效清洁力，以防刺激你的干性皮肤区域。如果你觉得有必要增强清洁力，可以考虑使用洁面刷。

低封闭性的保湿霜。许多“无油”保湿霜实际上还是添加了油性成分，比如二甲基硅油这类的轻型封闭剂。这些水凝霜产品很适合作为主要的轻薄保湿霜使用。可以考虑使用油膏类产品缓解局部干燥。避免各种声称“吸油”的保湿霜，因为它们会使皮肤变得更干燥。

防晒。这类产品没有统一的选择标准。找一款足够轻薄、让你能够经常使用的防晒霜，尽量别用那些容易引起干燥的、含有大量酒精或吸油粉的防晒霜。

值得考虑的关键成分

烟酰胺。我们的朋友——烟酰胺不仅能长时间锁住皮肤水分，还能调节皮脂生成，这对混合性皮肤人群来说简直太适合了！

杏仁酸。不要担心使用果酸会加剧皮肤干燥的同时还搞不定你的油性区域。杏仁酸的平衡性保持得相当好，既不会刺激干性皮肤，也可以和混合性皮肤友好相处。

如果我的皮肤处于敏感期怎么办?

大多数人都会经历皮肤刺激，旅行、天气变化、高浓度的功效护肤成分或单纯的老化都可能使皮肤变得敏感。皮肤受到刺激的典型症状包括持续性刺痛、疼痛、泛红、肤质改变及长痘。在皮肤受到刺激的情况下，比起选用化学去角质成分或类维生素 A 这些更强力的活性成分，最重要的应该是优先处理受损的皮肤屏障。

可以尝试的舒缓成分

皮肤保护剂：胶态燕麦粉和尿囊素的口碑一直不错，FDA 将它们归类为皮肤保护剂成分。这些成分对于缓解皮肤刺激有长期功效。

植物性舒缓剂：护肤品中有很多植物性舒缓剂值得尝试！其中有一些是化学家的挚爱，比如羟基积雪草苷和红没药醇。

是时候叫医生了吗?

角质细胞在皮肤屏障中起着重要作用——锁住水分并防止有害物质侵入。一旦致病菌开始与表皮最外层相互作用，角质细胞还会发出警报，向白细胞发送信号蛋白以消灭致病菌。

作为身体的第一道防线，角质细胞对免疫系统极其重要，但如果角质细胞反应过度就会导致并发症。过度反应的角质细胞会导致慢性炎症，表现为湿疹、酒渣鼻，甚至痤疮。慢性炎症即使没有明显的外在症状，也会影响肤质和皮肤状态。

这个稍显专业的部分是为了告诉你，治疗皮肤炎症虽然是一场长期的战役，但最好还是狮子搏兔，亦用全力，去看看皮肤科医生吧。你可能需要专家帮助你辨别刺激源并提供处方护理。

护肤程序答疑解惑

有时你的皮肤会发生 180° 大转变：莫名其妙地变得很干，或搬到一个温暖的城市后突然就变成大油皮了。下面我们会介绍一些典型场景，以及我们化学家是如何应对这些恼人时刻的。这部分的重点是让你建立信心，相信自己有能力根据需要调整并重建自己的护肤程序。你就是自己的皮肤专家！

洁面产品		
洁面过程中或洁面后	洁面后	洁面后
场景一 “好疼！”	**场景二** “我感觉皮肤很干。”	**场景三** “感觉好像没洗干净或刚洗完没多久又出油了。”
你的皮肤可能只是不喜欢这款产品里的表面活性剂。试试含其他表面活性剂的低pH值洗面奶	你用的洗面奶的清洁力可能太强了，换一款所含表面活性剂更温和的。可以试试卸妆油或洁面膏	你需要清洁力更强的洗面奶。这会有一个试错过程，但从椰油酰胺丙基甜菜碱试起是比较保险的。你也可以试着用清洁设备来提升清洁力

保湿产品		
场景一 “保湿效果不够。”	**场景二** “太厚重了，一到下午我的脸就出油了。”	**场景三** “刚开始感觉挺滋润的，但到了下午就开始发干。”
随便叠涂一层保湿精华液或润肤油都可以，视个人喜好而定。如果皮肤出现局部干燥，别忘了你的好朋友——油膏类产品或药用油膏	用点轻薄的。看看产品成分表，了解一下保湿剂、油类成分和封闭剂之间的大致比例。选择保湿剂占比更高的产品，比如精华水或啫喱	保湿产品的成分比例可能不对。你应该保持同等级别的补水效果，但可能需要更多的柔润剂/封闭剂来帮助皮肤锁住水分

防晒产品		
场景一 “太油腻了。”	**场景二** “太刺激了。”	**场景三** “我觉得我的毛孔都被堵死了，我不想再用它了。”
从亚洲和欧盟地区的防晒产品中寻找质地更轻薄的	换一个防晒体系吧。如果你目前用的是化学防晒霜，可以试试物理防晒霜，看看你的皮肤有什么反应	试试低SPF值的产品。找到一款你愿意坚持使用的产品是很重要的，这样你才能从中获得适当的保护

根据季节调整你的护肤程序

能够完美适应天气变化的护肤程序才是完美的护肤程序。以下是一些护肤程序的基本指南：

干冷季节。由于日照较少，又极易引发皮肤干燥，所以这类天气的主题是滋养。此外，日照较少的情况很适合对抗色素沉着。尝试将卸妆油、油膏、针对色素沉着的活性成分加入你在干冷天气下的护肤程序。最好降低你的果酸用量。

干热季节。这类天气的复杂之处在于你既需要质地轻薄的护肤产品，也需要补水。过于水基的保湿剂在这种天气下不好使。干热天气时可以尝试一下这些护肤产品：轻薄的物理防晒霜、洁面乳、轻薄的润肤油和维生素 C 精华液。

潮热季节。水的季节。这种天气是各种功效护肤都可以出色发挥的黄金季节，所以是时候拿出各种各样的抗衰老精华液和精华水了。试试以下产品：轻薄的化学防晒霜、洁面啫喱、保湿啫喱、抗衰老精华液和精华水。中午用胶束水和爽肤水补一下水即可。

痤疮

很多人都是因为出现痤疮而开始关注自己的皮肤的。很多人都饱受青春期痤疮的折磨，有同感吗？烦人的是，痤疮甚至会持续骚扰你的皮肤直到 40 多岁。中度到重度痤疮问题需要皮肤科医生帮助才能真正解决。药店里可以帮助你应对痤疮的局部外用药有成千上万种，所以让我们试着去理解这个庞大的品类，过滤掉无益于痤疮的东西，构建一套用于改善痤疮的护肤基本规则。

痤疮生物学概览

别信那些说细菌繁殖是导致痤疮的根本原因的鬼话。过去，很多人认为痤疮是由一种叫痤疮丙酸杆菌的细菌过度繁殖造成的，这种误解导致了各种各样口服或局部外用抗生素的治疗方法。最后，人们发现痤疮丙酸杆菌只是冰山一角，单靠针对痤疮丙酸杆菌的疗法解决不了问题。所以，让我们再深入一点，看看痤疮的主要生长部位——皮脂腺。

皮脂腺对皮肤健康至关重要，因为它们能够分泌抗菌脂质、上调抗氧化剂、维持促炎和抗炎反应，以及分泌皮脂。但是，由于两个特殊的原因，皮脂腺同时也非常适合痤疮生长。

烦人的激素。雄激素上升会促进皮脂分泌，正因如此，痤疮才成为青春期的典型标志。雄激素负责皮脂腺生长和皮脂生成，而皮脂正是引发痤疮的主要物质。雄激素还会导致细胞过度增殖（也就是过度的细胞生长），从而导致毛囊堵塞。雪上加霜！

引发炎症。皮脂腺确实有促炎性脂质，这有助于皮肤的防御机制，但也会使痤疮加剧恶化。事实上，即使痤疮丙酸杆菌没有过度繁殖，促炎性脂质也会导致痤疮。

这一切都意味着痤疮丙酸杆菌更像是皮脂腺闹脾气的结果，而不是原因。结论是，痤疮是一种非常复杂的问题，不是简单靠一天洗 4 次脸或用超高浓度的局部外用药物就能解决的。我们现在了解到的是痤疮是由遗传、激素失调和压力等多种因素引起的，并且和雄激素及促炎性脂质有关。正是这许多影响因素导致治疗痤疮的过程既令人沮丧又漫长，并且需要大量的耐心、做功课及不断试错。

皮肤科医生——你的救世主

我们前面提到过，痤疮问题很难仅靠药店的外用药解决。如果痤疮很严重，难以控制，皮肤科医生才是你真正的救星，他们可以指导你进行处方治疗。让我们看一下什么情况下应该去看皮肤科医生吧！

如果你正在经历以下任何一种情况，立刻去找皮肤科医生！

· 药店的外用药引发严重刺激。

· 长期使用的外用药不管用了，痤疮问题无法得到改善。

· 痤疮急剧恶化。

· 痤疮数量正在增加。

· 患处出现红肿或有触痛感。

· 皮肤深处有痤疮病变。

如果你觉得皮肤科医生没有给出有效建议，或处方不太管用怎么办？虽然我们确实想要提醒你谨记“化学家十诫”第 4 条（心急吃不了热豆腐），但如果你已经坚持了 6 个月还是没有任何改善，我们也想提醒你，听听别的意见也没什么不好。

我得的是真菌性痤疮吗？

当你试图从网络中寻找痤疮的相关信息，转了一圈，最后你可能会怀疑自己得了真菌性痤疮（也就是马拉色菌毛囊炎）。首先，引起这种感染的真菌是一种叫马拉色菌的酵母菌，虽然听起来很恶心，但马拉色菌其实是我们皮肤自带的微生物群的一分子。尽管这种酵母菌的失衡有可能导致看似痤疮的皮肤问题，但网络上没有告诉你的是，没有皮肤科医生的帮助，真菌性痤疮很难确诊。所以，当你上网搜索后得出自己得了真菌性痤疮的结论，并且想要自己解决顽固性痤疮，还是赶紧去找皮肤科医生吧。别为了避免患真菌性痤疮而改变你的护肤程序，目前还没有明确的结论指明哪些成分对真菌性痤疮有效。

构建你的痤疮护肤程序

药店柜台里大量的痤疮外用药很可能搞得你眼花缭乱。在解析这些成分、宣传语和配方之前，让我们先看看下面这些与我们在书中其他地方提到的内容似乎相矛盾的观点：

治疗痤疮通常需要多种成分搭配使用。你很可能需要将多种成分组合在一起才能解决痤疮问题。和其他功效护肤方法一样，使用抗痤疮类产品时要循序渐进。在尝试加入下一种有效成分之前，先花点时间看看你的皮肤对上一种成分有什么反应。

不要过分控油。很多抗痤疮类产品都是“无油”的，经常宣称自己减油或控油。但是，所有的皮肤都需要油类，即使你有痤疮也一样！记住，不要滥用那些控油产品。受痤疮影响的痘痘肌非常脆弱，易受损伤，所以不要每天洗很多次脸，不要过于频繁地使用泥面膜，也不要反复涂抹吸油粉。

尽量不要碰患处。我们知道有时候你就是忍不住想挤破痘痘。如果你实在忍不住，请先洗手，确保手上没有细菌，或者干脆让专业人士——皮肤美容医师来处理！

含活性成分的洗面奶很有帮助。经过证实，洗面奶中的活性成分有助于改善痤疮。这意味着你的护肤程序中又多出了添加一种抗痤疮成分的步骤，毕竟多种活性成分搭配使用对控制痤疮是很重要的。

构建针对痤疮的护肤程序

下面，我们将为你提供一个如何构建针对痤疮的护肤程序的框架。你的护肤程序最终需要达成以下多方面的目标：

1. 健康的细胞新陈代谢，以加速痤疮患处愈合。
2. 抗菌，以尽可能抑制痤疮丙酸杆菌过度繁殖。
3. 含有舒缓成分，让皮肤在痤疮和强效外用药的影响下保持平稳状态。
4. 含有淡化痘印的成分。

如果你用的是处方类外用药就更好了！皮肤科医生不仅会为你开有针对性的处方类外用药，还会检查你的护肤程序。你去皮肤科做检查时可以带上自己的护肤品，这样医生可以顺便看看你的护肤程序是否合适。

日间护肤程序

在日间护肤程序中，有两个步骤可以加入抗痤疮类成分：洁面和功效护肤。白天尽量使用水杨酸和过氧苯甲酰等简单的成分。痤疮患者总是故意忘记使用防晒霜。我们理解防晒霜的质地、油光和油腻感真的让你很想逃避它，但是防晒霜对痤疮的后期愈合真的很重要。过多的阳光照射会导致患处变暗沉，最重要的是，很多抗痤疮成分会让你对阳光更敏感，所以一定要用防晒霜，朋友们！如果你实在介意防晒霜的油腻感，可以考虑不涂保湿霜，这样可以让整个护肤的感受更轻爽。

洁面产品 → 功效护肤产品 → 保湿产品（如需要） → 防晒产品

夜间护肤程序

阿达帕林或其他类维生素 A 很适合添加到夜间皮肤护理中。这些成分往往更强效，可能会刺激皮肤或导致干燥，在护肤程序中加入舒缓精华液有助于解决这个问题。

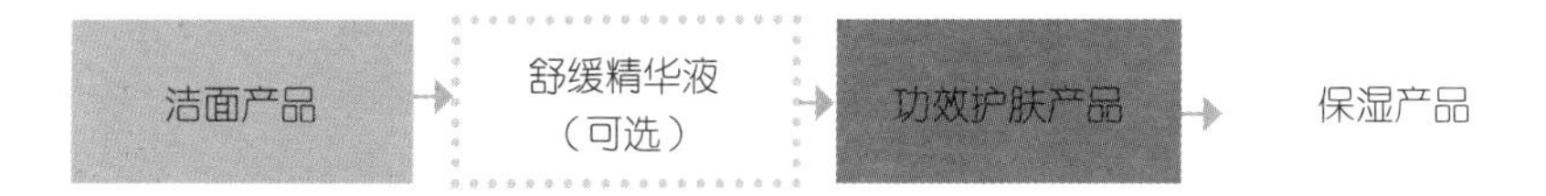

痘印护理注意事项

痤疮来了又去，留下的色素沉着（痘印）看了就令人恐慌。还好我们马上就要讲到色素沉着啦！对于那些想知道色素沉着是否就是痤疮瘢痕的人来说——任何皮肤“地貌”的改变都属于痤疮瘢痕，皮肤科医生能更好地评估你的瘢痕类型及哪种手术是最合适的。大多数的瘢痕无法单靠外用药物消除，这恰好是阻止我们挤痘痘的好理由。

专业提示：每周用一次泥面膜可以起到一石二鸟的作用，即不仅有助于吸收多余的油脂，而且还因去除了多余油脂而提高了外用药的渗透率。

成分解析：水杨酸

几个世纪以来，水杨酸一直是一种治疗头痛和发热的药用成分。历史学家发现，古代中国、古埃及、古罗马乃至史前北美洲，整个古代历史都有使用水杨酸的记录。如今，它是一种热门护肤成分，既能对抗痤疮，又能深入毛孔以去除角质，同时还有抗炎作用。越来越多的护肤产品开始跟随潮流使用水杨酸，因此在各种各样的产品中都有它，就像在洗面奶、药妆产品、精油类产品甚至保湿霜中都能找到烟酰胺一样。所以，记得快速查看一下成分表，确保你没有使用过多的水杨酸。过犹不及！

认识抗痤疮成分

下面是一些市面上常见的非处方类抗痤疮成分。单独使用它们可以改善轻度痤疮，它们也可以和处方类产品搭配使用。

一线主力

	浓度	描述	化学家的备注
阿达帕林	0.1%	一种新型非处方类类维生素A，在对抗痤疮方面有很不错的数据支持，但副作用远小于维A酸	与过氧苯甲酰有潜在协同效应。可以在日常护肤中尝试将两者搭配使用
过氧苯甲酰	2.5%~10%	非处方类成分，局部功效很好。睡一觉枕套都能被漂白	随着过氧苯甲酰变成非处方类成分，想要用到10%的最高浓度也不是什么稀奇想法。但有些研究表明，更多不见得就是更好。5%是个不错的起点，可以单独局部外用，以缓解轻度痤疮及抑制痤疮产生
壬二酸	20%	这种成分在对抗炎症后产生的色素沉着方面也有大量的数据支持，可以一石二鸟	20%浓度的壬二酸很难在商店买到（现在很容易在网上买到——译者注），10%浓度的倒是很常见。不过，10%浓度的壬二酸更适用于抑制痤疮，而不能有效对抗已有的痤疮

二线辅助

	浓度	描述	化学家的备注
抗坏血酸磷酸酯钠	5%	精华液中常用的维生素C衍生物	对于易发痤疮的人群来说，如果想要在日常护肤中加入维生素C类成分，选它可以一石二鸟——同时改善色素沉着和痤疮
茶树精油	≤10%	一种意想不到的、能抑制痤疮的精油	这种精油经提纯后会对皮肤造成很强的刺激，所以一定要适当稀释。可以局部使用。5%的茶树精油的效果与5%的过氧苯甲酰的效果相当，但需要使用较长时间才能见效

化学去角质成分			
	浓度	描述	化学家的备注
水杨酸	0.5%～2%	非处方类药物常用成分。在各类护肤产品中都会添加	通常用作辅助成分，与其他局部外用药搭配使用比较好。从低浓度试起。直接在痤疮患处使用2%的高浓度水杨酸会使皮肤变得很干，可能会加重痤疮炎症。试一下其他酸类成分，寻找不会让皮肤太干的替代品
果酸	每天5%～15%	果酸包括甘醇酸、乳酸和杏仁酸等，可以加速细胞更新，有助于缩短治疗周期	通常用作辅助成分，与其他局部外用药搭配使用比较好

专业提示：正在寻找一款用来加强你的抗痤疮护肤方法的舒缓产品吗？试试绿茶提取物吧。和许多植物提取物一样，这种成分也具有抗氧化和舒缓作用，这两种好处可以减轻痤疮的严重程度。真是个不错的成分！

还有一些尚无定论

痤疮是一种慢性的、极不稳定的自发性疾病，它仿佛被施加了巫术。下面列出了一些传言中有助缓解痤疮的外用成分及饮食指南，但实际上并没有可靠的相关研究或证明其有效性的确凿证据（我们还要提醒你记住“化学家十诫”第10条：每个人的护肤效果都不一样。如果不喝牛奶对你有用，那就坚持下去！）。

· 硫黄
· 柳树皮提取物
· 金缕梅提取物
· 不吃乳制品
· 不吃糖
· 不吃巧克力
· 蛋清
· 牙膏

色素沉着

色斑、晒斑、黄褐斑、肤色不均……无论困扰你的色素沉着问题是什么，我们都感同身受。色素沉着偏偏是最顽固、最难解决的皮肤问题之一，通常要用掉一大堆产品，再加上不懈的努力才能看到显著成效。但是努力终会有回报，所以让我们开始构建你的护肤程序来解决这个顽固的皮肤问题吧。

色素沉着生物学概览

在深入研究对抗皮肤色素不均的复杂策略之前，让我们先看一下色素沉着是如何形成的。这个过程其实很简单，所以我们会快速从生物学的角度进行介绍，以便讲到策略时你既能够知其然，也能够知其所以然。先来认识一些关键角色。

有请黑色素细胞。黑色素细胞是表皮最深处的皮肤细胞，简单来说，它就是皮肤的“一站式色素商店”。每个黑色素细胞都能通过一个名为“黑色素生成”的过程来合成黑色素，并在对其进行“包装”后运送到皮肤表层，如此一来，黑色素就变成了可见的色素沉着。很简单吧！

酪……？酪氨酸酶！ 酪氨酸酶是黑色素生成过程中重要的酶类之一，它直接影响着黑色素的产生速度，速度对黑色素生成至关重要。肤色不均、黄褐斑和色素沉着都与黑色素生成过快有关。

外部诱因。黑色素生成过程会受到一些外部因素的影响，这些外部因素会引起一部分黑色素细胞加速生成，从而导致肤色不均和烦人的暗斑。

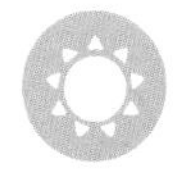

过度暴露在紫外线下： 说到色素沉着，太阳可是你的“头号敌人”！它是引起不必要的色素沉着的主要原因，会导致黑色素过量产生并且分布不均。

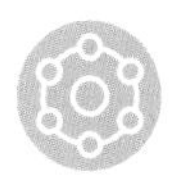

炎症： 刺激和炎症是色素沉着过度的关键诱因。事实上，化学换肤术或激光治疗都可能引起炎症愈后色素沉着的副作用。

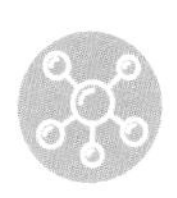

激素： 我们的激素会影响黑色素生成，这就是有些女性会在怀孕期间或之后出现黄褐斑的原因。

对抗肤色不均匀的4个途径

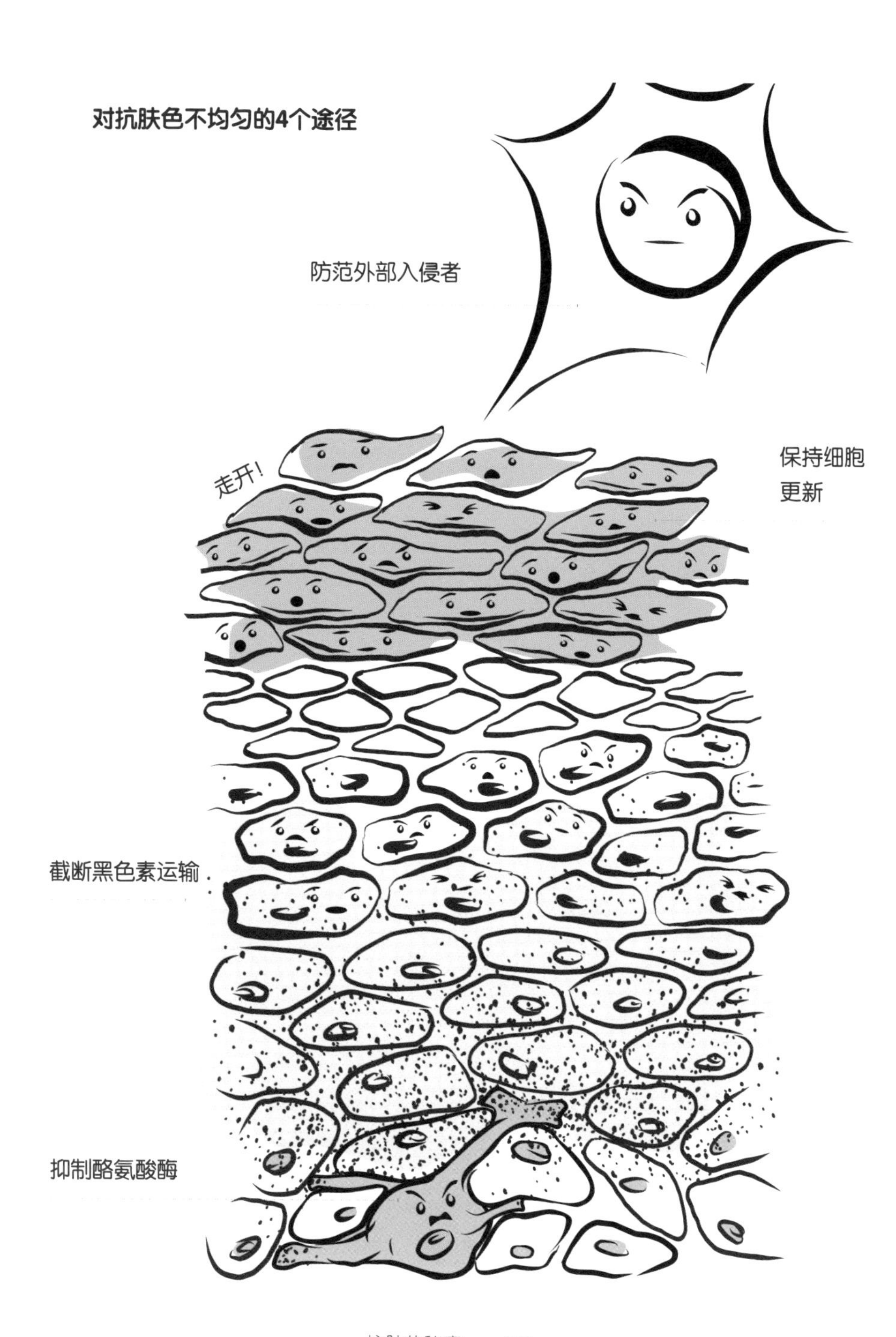

多管齐下对抗色素沉着

色素沉着问题没有快速的解决方法，这多少有点令人沮丧。但好消息是，全面的、坚持不懈的护肤程序可以有效地解决由晒伤、衰老、痤疮瘢痕和其他因素造成的暗斑。全面且有效的对抗色素沉着的护肤程序囊括了可能影响黑色素生成的步骤和因素。以下是帮你在这场对抗中获胜的 4 个步骤：

防范外部入侵者。最好的进攻就是好好防守。

让你的酪氨酸酶冷静一下。减缓色素生成。

延缓黑色素向外层皮肤运输。黑色素在到达外层皮肤前是不可见的。只要没人看得见，它就不存在。

确保你的细胞更新保持在最佳状态！化学去角质成分能更快地去除老化、暗沉的皮肤，帮助淡化暗斑。

成分解析：对苯二酚（氢醌）

对苯二酚是公认的对抗色素成分中的“黄金斗士”，但由于一些可怕的误解，它在某些圈子里备受争议。让我们来正视有关对苯二酚的流言吧！

听说对苯二酚是处方类成分。对，也不对。你可以在附近的药店找到对苯二酚的浓度为 2% 的产品。但如果想要 4% 或更高的浓度，你就需要处方才能拿到了（国内许可的对苯二酚产品的浓度不超过 2%，且不论浓度高低，均为处方药。——译者注）。

对苯二酚真的会导致皮肤癌吗？假的！没有任何证据表明对苯二酚致癌，但是在没有监督的情况下，不要长期使用这种成分。它可能会刺激皮肤并产生副作用，如色素减退，即在原本的暗斑周围形成一圈浅色的皮肤。

使用要点是什么？即使不需要处方，我们还是强烈建议你咨询皮肤科医生以监测你的对苯二酚使用情况。最好是在医生的指导下使用，且不宜长期使用。

构建抗色素沉着的护肤程序

色素沉着问题涉及多个方面，与之相关的科学研究多如牛毛。了解色素沉着的原因、过程，以及与其相关的护肤成分是一回事；但是要构建一套能够真正解决这一问题的护肤程序又是另外一回事。如果你没什么头绪，别担心！我们这里有一份和拼趣网（Pinterest）上的食谱一样简洁明了的基础指南，帮助你制订自己的抗色素沉着（美白）产品策略。

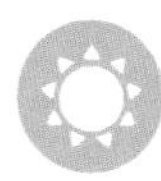

日间护肤程序

我们在这里为你列出了基础的日间护肤程序，其中的关键策略是防止损伤，用到的两种关键产品是抗氧化精华液和优质的日常防晒霜。L-AA 是抗氧化剂和酪氨酸酶抑制剂中的“优等生”，所以它是日间护肤的首选。你如果觉得它的刺激性太强，可以考虑用水飞蓟素、硫辛酸、白藜芦醇或抗坏血酸磷酸酯镁代替。防晒霜可以随意选你喜欢的，只要坚持每天用就行！防晒对于预防刺激色素沉着循环的损伤至关重要，因为许多美白产品的有效成分会使你的皮肤对阳光更加敏感。

升级！ 有时候你就是想要更强效的！这些我们都懂，但别忘了抗氧化剂和防晒霜是重中之重，所以不要在添加其他美白成分时忘记这两步。你如果出现起皮的情况，换一种功效成分，不要放弃基础护肤步骤。尝试换一种更温和的美白成分，如壬二酸或甘草根提取物这样的植物性成分，也可以用含烟酰胺的保湿产品。

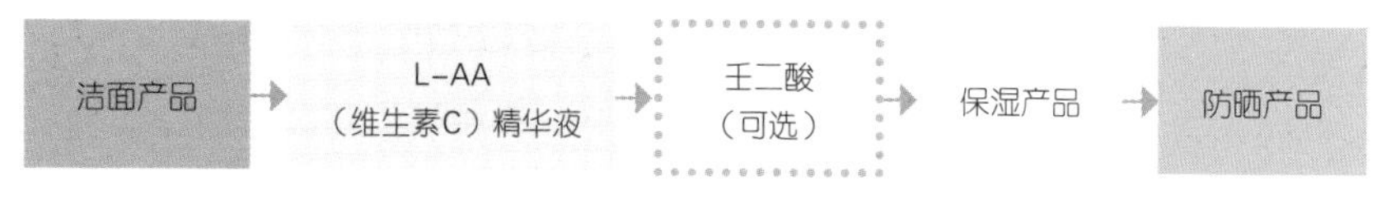

夜间护肤程序

下面是一套完整的夜间护肤程序示例。晚上正是强化有效成分改善色素沉着功效的关键时间段！

去角质。甘醇酸是去角质领域的“黄金斗士”。你如果觉得夜间护肤程序的强度有点超负荷了，这一步可以不必每天都做。

抑制酪氨酸酶。晚上是整治过度活跃的酪氨酸酶的绝佳时机。谨记，很多强效的活性成分可能同时具有刺激性。下面列出了按照潜在刺激性强度排序的抗色素活性成分，不过很多抗色素精华液本身就含有酪氨酸酶靶向成分的混合物，所以把这个列表当作基础指南即可，但一定要进行斑贴试验！

· **低刺激性：**甘草根、熊果、牡丹提取物。

· **中刺激性：**熊果苷、曲酸、壬二酸、氨甲环酸（传明酸）、间苯二酚、抗坏血酸葡糖苷。

· **高刺激性：**对苯二酚（氢醌）。

保湿。含有烟酰胺的保湿霜是很棒的选择。烟酰胺作用于黑色素运输的步骤而不是阻断酪氨酸酶，这意味着它可以提升精华液的效用。

以视黄醇为主的护肤程序。对于那些同时想要预防皱纹的人来说，将视黄醇用作夜间护肤程序的主要成分是个很好的选择。但别忘了，视黄醇需要一定的磨合时间（建立皮肤耐受），所以最好把它和舒缓精华液搭配使用。下次选购舒缓成分时，可以参照“购物指南”部分。

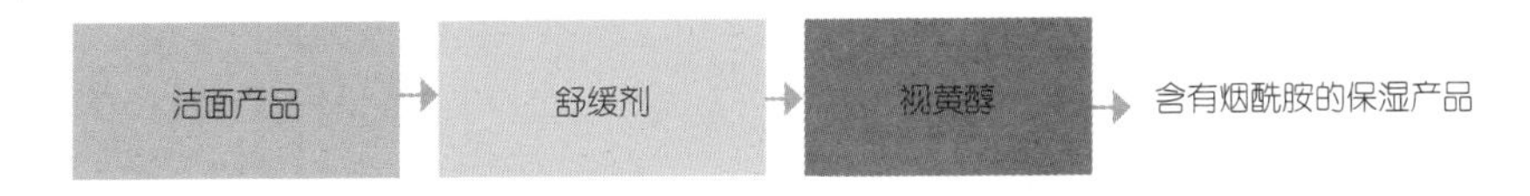

认识你的抗色素主力成分

抗色素活性成分成千上万，它们通过各种方式调节或减缓色素产生。这些成分最常对付的敌人之一就是我们的朋友——酪氨酸酶。由于酪氨酸酶直接影响着黑色素的生成速度，所以抑制酪氨酸酶是非常有效的策略。

当然，酪氨酸酶不会不战而降，这就是最有效的提亮功效成分都是由多种成分混合而成的原因。我们将这些对抗色素过度沉着的“斗士”分成了三大类：抗色素分离化合物、多功能型成分和植物性提亮成分。

抗色素分离化合物

这些成分已经经过测试，被证实具有抗色素过度沉着的功效。使用这些成分需要注意不要过量，以免刺激皮肤。许多产品所用的都是有效成分混合物，所以我们建议你选的产品至少含有以下主要化合物中的一种。

	化学家备注	目标浓度
对苯二酚（氢醌）	公认的抗色素活性成分“优等生”。对苯二酚的相关知识可参阅第187页的“成分解析”	2%及以上
熊果苷	从化学角度来讲，它是对苯二酚的近亲	2%及以上
氨甲环酸（传明酸）	它虽然在美国市场上相对较新，但在亚洲已经流行多年。趣味知识：它还有口服药片和注射形式，用来治疗黄褐斑	3%及以上
曲酸	这种化合物相当不稳定。如果你发现自己的产品从白色变成棕色后又变成了黑色，那就扔了吧	2%及以上
鞣花酸	这是一种很难处理的成分。它非常罕见，你通常只能看到它的提取物形式，比如石榴提取物	1%或排在成分表前半部分
间苯二酚	指代具有类似化学结构的所有成分，也用于化学换肤术	通常是专利混合物的一部分

多功能型成分

谁不喜欢能同时解决多种皮肤问题的成分呢？以下成分可以很好地辅助其他提亮成分，你可以根据自己的皮肤需要来选择。

	化学家备注	目标浓度
壬二酸	它是近年来非常受欢迎的成分，不仅有抗色素的数据支持，还有治疗痤疮的数据支持	10%～20%
L-AA	我们很喜欢，因为它可以从多方面对抗色素过度沉着。它既可以预防氧化损伤，又可以抑制酪氨酸酶的活性	5%～20%
类维生素A	这位护肤“巨星”还需多做介绍吗？查阅有关类维生素A的部分（从第111页开始），找到最适合你的类型	取决于类维生素A的种类

植物性提亮成分

在过去的几十年里，“天然”一直是护肤品的热门概念。问题是，并不是所有的植物提取物都经过了严格的测试，有些压根儿没经过测试。有关植物提取物的另一个难题是，很难评估某个产品使用的有效成分是否达到了有效剂量。例如，熊果提取物是熊果苷的天然来源，但是仅仅从包装上无法判断提取物中含有多少熊果苷或产品中含有多少熊果提取物。可是，正是这种不确定性让一些不太负责任的品牌得以侥幸只用一丁点儿好东西。下面列出了化学家比较喜欢的植物性成分，它们的皮肤功效有相当数量的数据支持。这些植物性成分都是分离化合物的好帮手。不过，单独使用它们解决不了色素沉着问题。

- 水飞蓟提取物
- 甘草根提取物
- 桑葚提取物
- 熊果提取物
- 白牡丹提取物
- 余甘子提取物

辅助成分

总的来说，再好的功效成分在单独使用时也很难搞定色素沉着这种顽固、复杂的皮肤问题。最有效的策略是把护肤程序的各个步骤都考虑周全。除了主要的功效成分，你还需要考虑其他 3 类辅助功能：预防损伤、阻止黑色素转移到皮肤表层、化学去角质。

方向一：预防损伤

解决色素沉着的最佳方法就是预防色素沉着啊，朋友们！在“皮肤生物学基础”部分（第 004 ~ 009 页），我们讲了紫外线和炎症等外部因素是如何激发色素沉着的。所以不难理解，色素沉着护理中极重要的一部分就是在那些讨厌的斑点完全演变为色素沉着之前处理好它们。以下是可以帮助你的产品以及选购它们时的注意事项：

	防晒霜	抗氧化剂	舒缓成分
为什么重要	看到这里，你应该已经意识到养成良好的防晒习惯对于预防色素沉着是多么重要了。如果你正在做抗色素医疗美容，那么涂防晒霜就更加重要了	抗氧化剂和防晒霜是完美搭档，可以增强抑制自由基生成的能力。L-AA是我们最喜欢的抗氧化剂，它还是一种酪氨酸酶抑制剂	炎症是色素沉着的一大来源，所以尽可能让皮肤保持舒缓放松的状态是预防色素沉着的简单方法之一。有很多很棒的植物性舒缓成分，但它们各不相同
选购指南	请翻到第074 ~ 075页查看如何选择日常防晒霜	抗坏血酸（维生素C）、生育酚（维生素E）、硫辛酸、白藜芦醇	红没药醇、积雪草（羟基积雪草苷、积雪草苷）、尿囊素、黄瓜提取物等

方向二：逮住黑色素

当然，只靠活性成分抑制酪氨酸酶总会有达到饱和的一天。所以，为了提高酪氨酸酶的效率，你可以将目标转移到不必要的色素身上，让它到不了皮肤表面就行了。黑色素是在表皮的最深处产生的，但它只有经过转移过程被向上运输后才会变成可见的色素。

	概况	浓度
烟酰胺	谁能帮忙减缓黑色素转移过程？当然是我们的老朋友烟酰胺。它非常适合添加到你的抗色素日常护肤中，在增加功效的同时不会对你的其他提亮产品产生任何负面影响	2%～5%。如今，许多产品的烟酰胺浓度都要比这高得多。一定要小心，不要因为使用的浓度过高而刺激皮肤

方向三：推陈出新

你的皮肤在不断更新换代，产生新的皮肤。所以，使用像果酸这样的化学去角质成分可以帮助你尽快摆脱那些烦人的色素异常。高浓度的化学去角质面膜和专业级别的换肤术都有助于更快地提亮并均匀肤色。

当心！不要急于求成。对那些深色皮肤的人来说，过于刺激的换肤所引起的炎症后色素沉着尤其是个大问题，更不用说它会让换肤完全失去意义。所以，一定要让你的皮肤适应这些活性成分，而且要提防那些一上来就给你推销一些刺激性过强的东西的人。

	概况	浓度
果酸	甘醇酸是果酸中抗色素沉着功效最好的，但是它可能并不适合所有人。查阅“化学去角质成分”部分，从中选择替代品	5%～10%

抗衰老

这是一个整个地球上都没有能逆转时间的“奇迹圣杯”面霜的时代。既然我们明白这点，那么让我们来谈谈可怕的皱纹吧。实际上，有很多可靠的有效成分能有效预防皱纹形成及最大限度淡化皱纹。在日常的基础护肤产品（洗面奶、保湿霜、防晒霜）中加入一些抗皱有效成分，然后带着防皱、抗皱护肤方法会帮助你优雅地老去这一信念安心地睡觉吧。

衰老生物学概览

引起衰老的主因有两个：太阳和时间。人只要活着就会发生的内在衰老叫自然老化，而由外部因素（主要是紫外线）引起的衰老叫光老化。从临床角度来说，自然老化与皮肤变薄及失去弹性有关，而光老化的特征则是更深的皱纹和松弛。我们的脸不可避免地会暴露在自然环境中，所以自然老化会和光老化相互作用，导致产生诸如细纹、皱纹、松弛、慢性皮肤干燥和不必要的色素过度沉着等。

真皮中的重要蛋白质肩负着撑起一切的重任。这些蛋白质的衰退是皮肤衰老的关键因素，更多内容参见第 008 页。

胶原蛋白：这种蛋白质具有坚固的三重螺旋结构，是真皮中最重要的支撑性蛋白质。

弹性蛋白：这种蛋白质恰如其名，负责保持皮肤“Q 弹”的弹性。

这些蛋白质是各种衰老途径中的主要受害者，比如自由基损伤、过量糖分引起的糖化过程、弹性组织变性（弹性蛋白积聚）等。随着时间的推移，胶原蛋白会分解、变性，并发生交联积聚，还有过量的弹性蛋白堵在真皮层。这种内部结构的损伤会转化为各种肉眼可见的衰老迹象，比如皱纹和松弛。

“天哪！我不太懂这些词是什么意思……钱给你，保住我的胶原蛋白！”

抗衰老的真相

我们已经了解了引起皮肤内在衰老的原因，但护肤品真能解决这种发生在皮肤深层的复杂问题吗？虽然胶原蛋白的含量是关键，但测量真皮深处的胶原蛋白不仅会造成伤害还很复杂，所以大多数护肤研究只能通过评估皮肤的各种力学性、功能性和视觉性特征来判断皮肤的总体质量。

抗衰老的证据

抗衰老领域中有一点很恼人，那就是用富有创意的伪科学故事过分炒作产品，诸如装在神奇瓶子里的独角兽眼泪。想要从垃圾的海洋中找出宝石，有效的方法就是查证。那些领头羊品牌会开展研究，甚至会跟踪测试并证明自己产品的优势。让我们来学习所有可以测量皱纹的方法吧！

皮肤弹性测试仪。这台漂亮的小仪器实际上是一个奇特的杯形吸盘，它将皮肤拉起，然后释放。科学家们通过测量皮肤被拉伸的距离和皮肤回到正常位置的速度，就能确定皮肤的紧致度和弹性。妙极了，对吧？

Visia 皮肤检测仪。它实际上是一个复杂的、校准精良的照相馆，可以拍出你的脸在不同光线下的高分辨率照片，缺点是会放大所有美颜相机的滤镜试图隐藏的东西，但它确实能让科学家计算出一些非常有用的数据，比如皱纹数量、肤色变化程度，甚至是晒伤程度。

专家小组。这些经过培训的人可以严谨地评估你的皮肤状况。虽然专家小组不像真正的仪器那样精确，但你会惊讶于他们的一致性。有这样的团队来评估产品真是太棒了！

包含这些测量方法且设计严谨的临床研究是了解抗衰老产品作用机制的理想证据。遗憾的是，鲜有产品会真正使用这些工具。但你还有我们！让我们来揭开抗衰老神奇成分的真面目，为你构建一套抗衰老护肤程序吧。

护肤程序策略：让“四巨头”成分为你的皮肤效劳

无论你的目标是预防衰老还是寻求有效修护，你的核心护肤策略都应该是根据皮肤类型选择合适的“四巨头”成分（见第 094 页的介绍）。简单来说，“四巨头”成分有效性的科学支持数据最多！让我们先来看几种护肤情况，再构建几套化学家推荐的“对症下药”的护肤程序，来个开门红。

成分解析：肽

除了“四巨头”，肽也是抗衰老产品中最常见的成分之一。正如我们在“功效护肤”部分提到的，肽类中有大量难以驾驭的成分。肽类中的大多数成分受专利保护，唯一可用的数据都握在制造商手中。让我们来看看市面上常见的肽类：

基肽 3000（Matrixyl 3000）：你有可能在成分表里看到棕榈酰三肽 –1 和棕榈酰四肽 –7，也有可能在包装上直接看到有关它的宣称语。这是最著名的一类肽，由法国司达玛（Sederma）研究中心研制，已经有多个临床试验证实棕榈酰寡肽可以明显减少皱纹的出现。

黑洛西（Haloxyl）：这是司达玛研究中心的另一经典之作！与棕榈酰寡肽不同的是，研究中心对黑洛西针对黑眼圈和眼周紧致等眼部问题进行了更有针对性的测试。要想找它的话，你可以在成分表上留意 N– 羟基丁二酰亚胺、棕榈酰三肽 –1 和棕榈酰四肽 –7。

重组人表皮细胞生长因子（sh-Oligopeptide-1）：它是宣称具有“生长因子”功效的产品中的主要成分之一。它可以单独使用，也可以与其他肽类混配。这种成分很有前景，但是由于它还没有经过太多的测试，所以我们建议将含有这种成分的产品搭配其他好的成分（如经证实有效的抗氧化剂）使用以获得更全面的抗衰老功效。

抗衰老护肤程序

阶段1：预防衰老

你如果正处于二三十岁的年龄段，并且开始思索如何维持皮肤的最佳状态，那么预防衰老就是你的首要任务啦！日常抗氧化和防晒是预防衰老策略中的重中之重。试试从这里开始：

日间护肤程序

夜间护肤程序

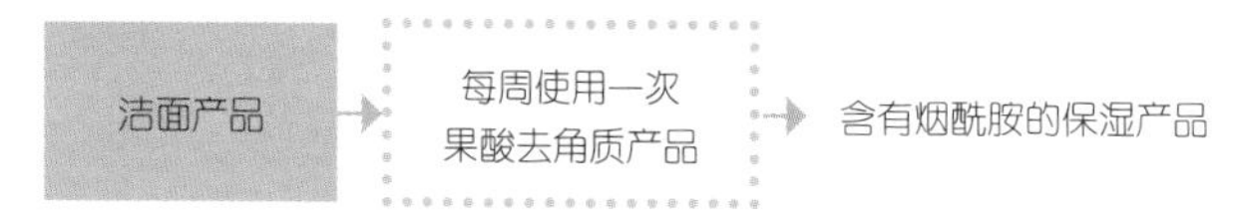

阶段2：对抗细纹

你如果发现细纹开始蔓延，想要采取更有效的抗衰老方法，可以考虑在护肤程序中加入较低浓度的类维生素 A，如每周 2 ~ 3 次 0.3% 的视黄醇。如果你的皮肤特别敏感，可考虑羟基频哪酮视黄酸酯或补骨脂酚等替代品。

日间护肤程序

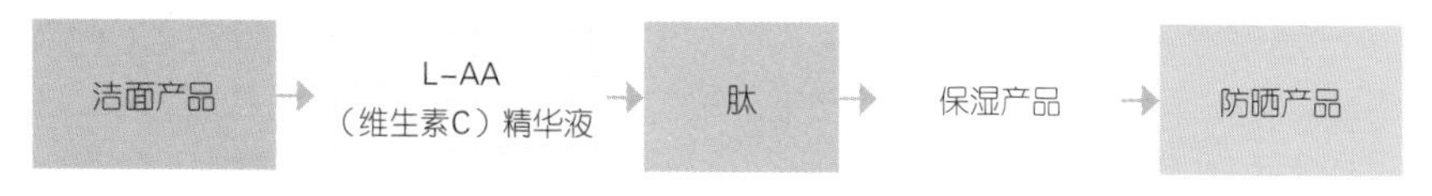

夜间护肤程序

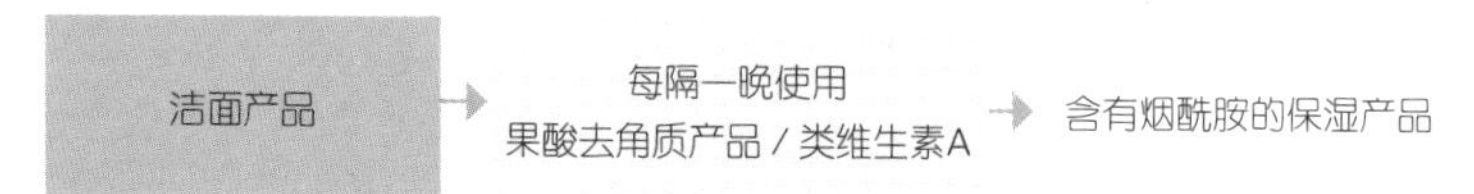

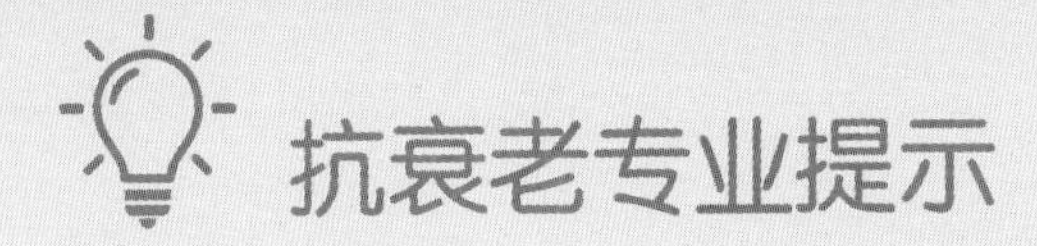

抗衰老专业提示

专业提示 1：在增加类维生素 A 用量的同时，不要忘了皮肤屏障功能的重要性。在适应过程中，轻微的刺激感和脱皮是正常的，但你的皮肤不应该一直处于泛红、发痒的受刺激状态。

专业提示 2：衰老的皮肤会有变干的趋势。试着寻找一种封闭性更强的保湿产品，比如成分表中凡士林或乳木果油含量较高的晚霜。

专业提示 3：选购时留意有效的宣传语！比起“93% 的使用者感觉皮肤更紧致了”，“8 周后皱纹改善 45%”这类宣传语会更好一些。含有神秘的独家成分但未宣称任何明确价值的产品，很可能无法给你想要的功效。

专业提示 4：维生素 C 是抗氧化剂中的“黄金斗士”，但加入多种抗氧化剂的产品更有帮助。参阅第 133 页，了解一些我们最喜欢的抗氧化剂！好消息是，市场上许多富含抗氧化剂的产品都是混合制剂，所以你不必为层层叠加不同的产品费心了！

阶段3：升级到医疗美容护理

总的来说，医疗美容护理能在更短的时间内带给你更显著的效果。如果你决定选择医疗美容，那么术后皮肤护理有助于提升医疗美容的功效。

恢复阶段。如果你的皮肤在手术后非常不稳定，那就保持精简的护肤程序，专注于保湿和防晒。尿囊素和积雪草提取物等舒缓成分也有帮助。

让医疗美容疗效更进一步。趣味知识！许多研究表明，在医疗美容的间歇期使用化学去角质产品很有用，能够有效提高医疗美容的换肤效果。

专业提示：要想预防衰老，健康的生活方式很重要！不断有研究表明，高糖（碳水）饮食和吸烟不仅对健康有害，还会对皮肤的外观产生负面影响。

医疗美容护理与家用美容仪器

如果你准备用医疗美容方法改善皱纹的话，那么是时候去咨询皮肤科医生了。咨询的时候了解以下 3 种方法，和皮肤科医生一起探讨哪种方法适合你的皮肤类型和皮肤状态。

· 激光疗法

· 微针疗法

· 肉毒杆菌毒素

等等！这些我都可以在商店里买到呀！

没错，你确实可以找到很多声称“和医疗美容同样有效”的家用美容仪器。但是，一般来说它们并没有那么有效，有时甚至非常危险。

微针：我们坚决不同意！大多数商店里卖的微针美容仪都没有医疗美容所用的针那么细，扎得也没有那么深，所以效果好不到哪里去。它们造成的损伤很可能大于其带来的好处。此外，并非所有产品都被正确定位为一次性产品，所以卫生情况堪忧。如果你想尝试微针疗法，请咨询美容医师或皮肤科医生。

家用激光美容仪：一些高档的家用抗衰老激光产品可能有用，但无法与医疗激光美容仪相提并论。我们只建议你购买信誉好的、通过国家正规机构认证的品牌。

眼周衰老

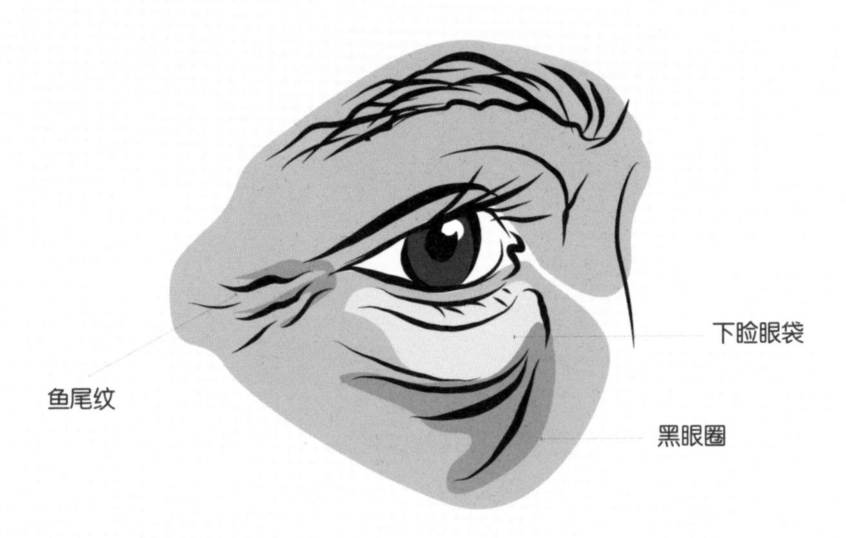

眼霜，有人在用吗?

关于眼周问题的真相：鱼尾纹、下睑眼袋和黑眼圈是最复杂的皮肤问题。有几个非外源性因素对这些问题的严重性有明显的影响：基因、饮食、健康状况和骨骼结构。因此，你会发现很多眼霜的评价都褒贬不一。记住以下两点：

1. 临床试验在这里又是加分项了。眼周问题的数据量可能不如普通皮肤问题那么多，但这就是眼周问题的现实情况。

2. 在眼周使用保湿霜或精华液没什么问题。但要小心那些流动性强的精华液，尤其要小心那些配方中含有果酸或视黄醇的。

眼霜还有一个令人沮丧的特点：你可能已经注意到了，眼霜的价格差不多是等量面霜的 2 倍（有时甚至更高），但很多眼霜产品的定价其实并不合理。因此，临床治疗才格外重要。

购物指南

既然是一本实用的护肤指南，那么我们当然也得探讨一下购物体验。接下来是本书的最后一部分（但绝非最不重要的部分）。关于“如何从不同价位的产品中选出最棒的那个”“如何买到符合自己的价值观的产品”以及更多解码成分表的方法，我们都有一些小妙招，接下来我们将把这些方法都捋一遍。你是不是正准备优化自己的护肤程序但又不知从何入手？比如该花多少钱买一瓶优质的保湿霜，如何挑选“纯素”“无麸质”的产品。不用多说了，家人们，我们懂！

购物渠道导览

你可以在任何地方买到护肤品，但这可能并不是件好事！从百货商店专柜到高档精品店，甚至是集市，在这些地方你都能买到护肤品，而且每个购物渠道都各具特色和优势。那么，下次购物时需要考虑哪些方面呢？下面给你介绍一些我们化学家的护肤品选购指南。

专卖店

这类渠道是指美妆产品专卖店，如丝芙兰（Sephora）和艾尔塔（Ulta）。

什么值得买？这类商店通常是买保湿霜、精华液、功效护肤品的好地方。像是维生素 C 类、酸类护肤品，你都可能在这类商店里找到想要的浓度，不过价格会比药妆店里的贵一点。

什么不值得买？不建议在这里买防晒霜和祛痘产品。商店里的防晒霜肯定质感更好，但除非你特别喜欢那支昂贵的防晒霜，否则没有必要在这里消费，因为药妆店里有很多效果差不多的替代品。

化学家对产品价格的观点

价格荒谬可能是有点主观的评价。从化学家的角度来看，产品的定价是由无数因素共同决定的。价格低于 50 美元甚至远低于 50 美元的产品中也有效果良好、含有被证实的功效成分且浓度合适的。同时，在我们看来，某个产品如果拥有其宣称的独特功效成分所带来的护肤效果，且效果能够被精心设计的临床试验证实，那卖 100 美元也是合理的。

真相是，让你花更多钱的往往是那些沉甸甸的、豪华的包装，而不是漂亮瓶子里的东西。这些瓶子可能让你觉得开心、惬意，但它们不是真正的护肤“功臣”。我们找不到任何理由去购买售价超过 300 美元的产品，因为这样的产品并不比配方良好、卖 30 美元的产品的效果强 10 倍。

电商网站

一般来说，电商网站就是一片“狂野之地”，里面充斥着形形色色的护肤品，没有你买不到的，只有你想不到的。你既能买到极便宜但可疑的产品，也能直接买到化学原料，当然还有奇奇怪怪的国外产品。

什么值得买？亚洲地区的防晒霜。如果你无法忍受防晒霜的油腻感，我们强烈建议你体验亚洲地区的防晒产品。亚洲的可用防晒剂比 FDA 批准使用的多，而且亚洲地区的防晒霜可以做得更贴肤、更轻盈。不过我们建议你快速检查一下成分表，因为酒精、香精和桂皮酸盐是亚洲防晒霜中的常见成分，虽然这些成分本身并没问题，但可能有些人对它们敏感。

面部润肤油。我们通常喜欢用格调高雅的复合面部润肤油，以获得更全面的护肤功效。但是，对于刚开始尝试面部润肤油的人来说，电商网站是寻找单方润肤油的好地方。你可以尝试各种不同种类的单方润肤油，看看自己最喜欢哪一种。

什么不值得买？别碰活性成分浓度太高的产品。你能在电商网站上买到极高浓度的活性成分（如 70% 的甘醇酸！），或是看着就不靠谱的廉价微针滚轮。如果有产品声称可以除疣或穿透皮肤，那购买它很可能是个糟糕的主意。

专业建议：寻找广告宣传更透明、页面上有产品成分表的卖家。有些卖家会销售几年前生产的产品，所以留点儿神，买“有效期至……”清晰明了的产品。

药店（兼售化妆品的药店）

这类渠道包括西维斯（CVS）、沃尔格林（Walgreens），以及其他类似的超市，如塔吉特（Target）（中国内地暂无此类药店或类似的超市，故以下指导建议在内地暂不适用。——译者注）。

什么值得买? 基本款的保湿产品和洁面产品。你也可以在这些店里找到很好的防晒霜和功效性的祛痘产品，比如含水杨酸的洗面奶。

什么不值得买? 如果你想买其他功效较强的、含非处方类活性成分（如维生素 C、甘醇酸等）的产品，药店并不是理想之选。这里的产品所含的活性成分往往刚到起始有效浓度甚至更低。不过往好处想，你可以放心地在这里购买入门级的活性成分，如视黄醇。有时为了找到好的产品，做些功课还是有必要的。

护肤工具和美容仪器

无论在哪个购物渠道，你都能找到许多类型的护肤工具和仪器。近年来，护肤工具的种类似乎呈爆炸式增长，从简单的洁面海绵到 LED 光疗仪器，你可以买到各种各样的工具作为你的护肤程序的辅助。

洁面工具：市面上的热门护肤工具类型之一，从简单的魔芋海绵一直到高档的声波洁面刷。我们是这类工具的爱好者！它们是增强清洁力的好帮手，有了它们你就不用为了洗得更干净而使用清洁力过强的表面活性剂。

按摩工具：过去几年，玉石滚轮、刮痧板等按摩工具很流行。把它们当作舒适的按摩工具，至于那些花哨的功效则要谨慎对待。

光疗仪器：蓝光、红外线的美容效果已获得大量数据证实。然而，在我们写这本书的时候，还没有达到临床医用仪器效果的家用美容仪，所以我们不做推荐。

欢迎来到美容仪器的世界

护肤其实并不局限于使用护肤品，你还可以在护肤程序中加入各种各样的工具。虽然没有什么工具是必不可少的，但在恰当的时刻，它们的确可以丰富你的护肤程序。

刮痧板：用于消除淋巴水肿，以及所谓的面部按摩“排毒”。

电动洗脸刷：通常有柔软的刷毛，可以提升洗面奶的清洁效果。需要充电。

魔芋海绵：一种由植物制成的海绵，用于轻柔擦洗皮肤。植物制品，可降解。

光疗美容仪：新兴美容领域。它在治疗痤疮、改善细纹和皱纹方面有效果。

硅胶洁面刷：提供温和的物理清洁方式。附加用途是可以用来清洗化妆刷。
微针：不要买这种工具。它宣称的“抗衰老效果”实际上是在医学临床中获得的，但医生使用的微针更长。一次性产品，用后即弃。
玉石按摩滚轮：建议仔细清洗，因为水晶和玉石会开裂，裂缝中会滋生细菌。
微电流美容仪：用于改善肤色、皮肤弹性、细纹和皱纹。并非所有设备的参数、效果都相同。

解读宣传语

选购准则中最重要的一条就是读懂、读透广告宣传语。护肤品通常都被大量的广告宣传语包装着，这些宣传语有的是有意义的，有的则不太行。

“纯净”类宣传语

有机：这种说法的意义不大。在美国，“有机”是由美国农业部认证的，而不是主管化妆品的 FDA。以植物为原料的产品的大多数原料是精炼过的，所以，我们认为农药残留的问题不用担心（在中国，化妆品监管中暂无有机认证，故无需考虑——译者注）。

天然：“天然”是一种流行的广告宣传语。但是，记住这个重要的事实：天然成分从本质上讲并不比合成成分更安全或更有效。

纯素：指配方中不含动物来源的成分。一般来说没什么问题，不过一些动物来源的成分对皮肤其实非常有益。

“不含”清单：当你看到各品牌的“不含”清单既冗长又相互矛盾时可能会感到困惑（和害怕）。但你要清楚一点：这些成分的危险性往往有被夸大之嫌。最合适的做法是关注产品的成分表里的哪些成分对你的皮肤有效和无效，而不是关注其他那些所谓的“品牌理念”。

“无添加”类宣传语

不添加化学成分：任何东西（包括水）都是化学物质。化学成分并没有广告里讲的那么可怕。

不添加麸质：你的皮肤并不像你的胃一样能吸收麸质衍生成分。所以，对麸质会引发其乳糜泻过敏反应的人来说，麸质对你的皮肤并没有伤害，因为乳糜泻仅涉及小肠（除非你是在吃护肤品）。

不添加防腐剂： 朋友们，这类宣传语让我们很生气。护肤品必须要防腐。如果没有添加合适的防腐剂，产品里就会滋生细菌、真菌等各种有害的微生物。

不含尼泊金酯： 曾经有一篇论文写到，在（女性乳腺癌患者的）乳腺组织内发现了尼泊金酯，因而每个国家都对其是否会引起乳腺癌进行了深入研究。但没有任何监管机构拿出了实质性证据。实际上，尼泊金酯是目前最温和的防腐剂之一，而且只需很少的量就能达到很好的防腐效果。一个不太好的事情是，你将来可能很难找到含有尼泊金酯的产品了，而品牌方现在也被逼着不得不寻找替代成分，但又找不到像尼泊金酯那样全面、温和的。

未经动物试验： 我们都很爱动物，所以很高兴护肤品市场对这种宣传语越来越买账。好消息是，如今极少有化妆品成品需要进行动物试验了。但需要说明的是，化妆品原料的安全性和毒理试验仍然有很多是在进行动物试验的，而且这一现实并不像“马上停止动物试验”那么简单就能解决的，因为还要确保成分的安全性。逐步取消动物试验是科学家们正在积极研究的一大课题，仍然有许多工作要做。

无油： 这类宣传语不受法规监管，这意味着品牌方可以自己决定如何定义“无油”产品。无油的概念很宽泛，可能是真的不含油相成分，也可能是产品名里没出现“油”这个字。例如，有些防晒霜喜欢宣称不含油，适合油性皮肤使用，但问题是它含有的化学性防晒剂本身就是油性的。另外，请记住这点：油只要用得恰当，油性皮肤也可能颇为受益。

化妆品与环保

很高兴看到越来越多的人会在购物时考虑到产品的价值观，希望为保护地球尽一份力。但是，就像其他领域觉醒的环保意识一样，在美容行业推行环保观念是很难的，何况还有行业自身特有的问题。在不给本书增加太多篇幅的情况下，我们简单谈谈化妆品与环保的一些基本情况。

微塑料：21 世纪初，塑料磨砂微粒可能是很多人洗脸时都会用到的重要成分。相比杏核之类的天然磨砂颗粒，塑料颗粒是正圆形的，因此在使用时会更温和。但它们最终会被鱼吃掉，并对水生生物逐渐造成巨大伤害。

好消息是，微塑料成了一个巨大的问题后，已有很多法律禁止个人护理产品中使用此类塑料磨砂微粒；坏消息是来自化妆品的微塑料只是冰山一角，一个令人惊讶的真相是，微塑料最大的来源并不是个人护理产品而是你穿的衣服。尽量穿天然材质的衣服，避免穿聚酯纤维、氨纶和莱卡衣服，因为这些化学纤维通常需要 20 年才能降解。购买天然 / 可生物降解织物，如棉、羊毛、人造丝。如果可能的话，最好买一些做工好、能穿很多年的衣服，这也是一种努力保护环境的行为。可别买 574 289 571 件廉价衬衫然后穿两年就扔掉。

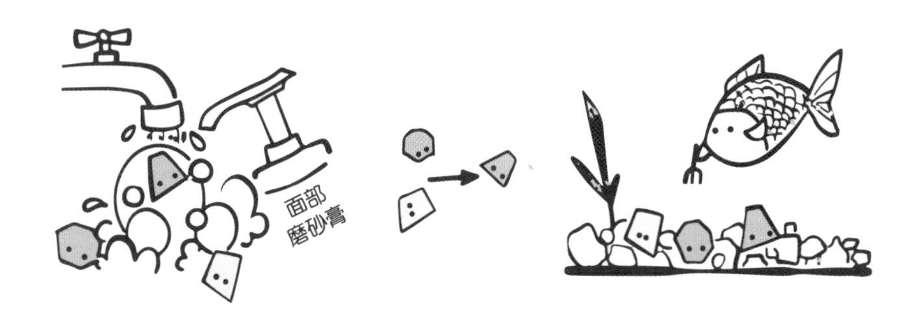

防晒霜：气候变化是一个巨大的历史性问题。一些研究表明，某些化学性防晒剂特别是二苯酮 –3 和桂皮酸盐可能对珊瑚礁产生影响。防晒剂在海水变暖的过程中究竟起到了什么样的影响虽然还需要更多的数据证明，但有一种替代方案，你可以在海滩游玩或浮潜时改用防水的纯物理防晒霜。

棕榈油：说起棕榈油，许多人会不由自主地想到红毛猩猩。棕榈油涉及的产业极广，它不仅关系到护肤品产业，还关系到几乎所有工业产业。这种成本不高的原材料在现代人的日常生活中有着极大量的用途。你吃的薯片、用的洗发水，当然还有护肤品都要用到棕榈油。庞大的需求导致棕榈油产地的森林被砍伐和红毛猩猩的栖息地被破坏。

好消息是一些组织正在为提升棕榈油生产的可持续发展而努力。最引人注目的组织是“可持续棕榈油圆桌倡议会议”（RSPO.org）。关于如何选购可持续棕榈油，可以查看相关网站。

塑料包装与回收利用

护肤品包装与回收

购买护肤品时，你或许还会考虑包装可持续性的事情。原生塑料的用量正以惊人的速度增长，不过目前仍处于如何减少原生塑料消费及增加其回收处理的摸索阶段。在这里，我们简单介绍一下目前的可行措施。

回收：你可能会认为护肤品包装很容易回收，但这个过程实际上相当复杂。玻璃仍然是最容易回收的材料（我们说的是“容易”，但更准确的描述是“没那么复杂”），但问题是玻璃不是最好的护肤品包装材料。

不可回收产品

由于尺寸多样、混杂多种材料、含有多个部件的缘故，一般来说你无法回收下列化妆品的包装。建议你与各品牌方确认可操作的最佳回收方法。

· 口红管；

· 片状面膜包装，试用装小袋子；

· 大多数防晒霜软管；

· 许多洗面奶软管；

· 瓶口尖嘴塞和滴管瓶的橡胶头。

再生塑料需要更多补贴：使用再生塑料是减少使用原生塑料的方式之一。一个吊诡之处是，再生塑料的使用成本比原生塑料高得多。我们期待在未来可以一起找到更经济的再生塑料的应用方式，并减少使用原生塑料。但目前很难说清是谁承担了更高的成本，是包装供应商、品牌方，还是护肤品用户？

你可能偶尔会看到这个绿色标识。它不代表“本产品可回收”，而是代表“该公司为回收和可持续给予了财务支持”。

这些标识是什么意思?

下面列出了7种可回收塑料、对应的回收编号及使用该类塑料的常见产品。注意：这些回收编号的定义并不是绝对的，具体回收时请查看产品包装上相应的回收标识，并确保容器已洗净。

聚对苯二甲酸乙二醇酯（PET）：最常见的塑料。通常用于瓶、罐，如漱口水和化妆水瓶。

高密度聚对苯二甲酸乙二醇酯（HDPE）：用于洗发水瓶、沐浴露瓶、乳液瓶。

聚氯乙烯（PVC）和乙烯基：用于洗发水瓶或吸塑包装。

低密度聚乙烯（LDPE）：用于可挤压的软管。

聚丙烯（PP）：用于瓶盖、化妆品矮罐。

聚苯乙烯（PS）：通常不可回收，向本地回收中心咨询最佳做法。

其他（OTHER）塑料：向当地废弃物管理部门寻求处理建议。

“那么，为什么我们不用生物降解材料呢？”趣味知识点！所有东西都是可生物降解的，但关键是“这个东西需要多长时间才能被降解”。护肤品行业较难引入可降解包装，因为护肤品包装既要能承受生产线上的各种操作，又要保证里面的产品安全和稳定。

皮肤护理专业人士

作为化学家，我们所提供的意见是为了帮助你了解护肤品里含有什么成分，以及搭配各种护肤品。但这只是护肤专业知识的重要组成之一，许多其他领域的专家同样能够使你的护肤之路更顺畅。他们可以让你的护肤不再局限于家用美容产品，并在皮肤最糟糕的时候提供治疗。

美容皮肤科医生

有解决心理问题的心理治疗师，当然也有负责解决面部问题的治疗师，即美容皮肤科医生。他们日复一日地与皮肤打交道，定期去拜访美容皮肤科医生，他们就会像仙女教母一样对你皮肤出现的变化做出反应。美容皮肤科医生的执业范围包括从简单的面部美容到执行更复杂的医疗美容操作，如深度化学换肤、微针治疗等（这里所说的美容皮肤科医生的执业范围与国内的有一定差异。——译者注）。

拜访美容皮肤科医生的理由：

· 非常需要一段“自己想做什么就做什么”的时间。

· 定期拜访——比方说有人需要定期去清理黑头，对吧？

· 化学换肤和医疗美容护理。

拜访美容皮肤科医生之前需要了解这些：

美容皮肤科医生可能会推销他们认为好的产品。一种产品还可以试试，但试图让你买一整套？那不太行。

并不是每位美容皮肤科医生都有能操作你想做的医疗美容项目的相应资质。你如果有明确想做的项目，需要自己预先查询一下谁有相应的资质。

皮肤科医生

你有严重的痤疮需要一些指导？你怀疑自己可能有皮肤疾病？你只是想知道怀孕时应该用哪些护肤品？好吧，解答这些问题都需要皮肤科医生的参与。皮肤科医生会帮助你诊断皮肤疾病，包括湿疹、银屑病、痤疮、酒渣鼻等，并提供有针对性的处方治疗。他们的特别之处在于能够同时治疗疾病和教给你相应的护肤方法。你即使没有严重到需要看医生的皮肤问题，也应当每年去看一次皮肤科医生，让他们掌握你的痣的变化，确保它们不会转变为皮肤癌。

拜访皮肤科医生的理由：

- 有任何皮肤疾病，如湿疹、银屑病、玫瑰痤疮等。
- 有痤疮问题。
- 皮肤癌定期检查。
- 做侵入性治疗，如激光和注射。

拜访皮肤科医生之前需要了解这些：

确保皮肤科医生了解你的全部护肤程序和皮肤病史。

如果是第一次去医院治疗痤疮，带上你正在使用的护肤品，这样皮肤科医生就能了解你目前的护肤程序。

术语解释

活性成分：也称功效成分，我们化学家称之为关键成分，即支持产品所声称的能带来某种功效的成分。

α-羟基酸：即果酸，简称 AHA，是一类可用于化学去角质的成分。AHA 中的重要成分包括甘醇酸、乳酸和杏仁酸。

抗氧化剂：可保护你免受自由基损伤的物质。

屏障功能：皮肤最重要的功能，即把外界刺激物阻挡在皮肤之外、把水分锁在皮肤内。许多护肤产品是为了增强皮肤屏障功能而设计的。

β-羟基酸：简称 BHA，在护肤领域中指水杨酸，是一种有效的抗痤疮成分。

广谱：表示防晒霜能提供的 UVA 防护。

神经酰胺：角质层中脂质混合物的关键成分之一。也可用于保湿霜中，用于皮肤保湿和增强皮肤屏障功能。

化学去角质成分：一种用化学方式去破坏角质细胞连结，使死去的皮肤细胞脱落的成分。

化学性防晒剂：也称为有机防晒剂，是包含了许多成分的一个大类别；具体包含哪些成分，全球各地都有差别。化学防晒剂往往质感更佳，但对健康和环境的影响尚有争议。

纯净护肤：一个营销术语，暗示产品更安全、不含所谓的不安全成分。清洁并没有统一的标准，它由品牌方和经销商自行决定。贴有“纯净护肤”标签的产品并非比其他产品更安全。其实大多数被标记为“不清洁 ”的成分往往是被误解的，或实际上并不常用于护肤品。

胶原蛋白：皮肤最重要的结构成分之一。外用胶原蛋白能起到保湿作用。

真皮：表皮之下的皮肤层，是胶原蛋白和弹性蛋白所在之处。

弹性蛋白：另一种负责皮肤“回弹”的重要蛋白质。

柔润剂：保湿成分中的一类，作用是使皮肤更平滑。植物油就是常见的柔润剂。

表皮：皮肤的最上层，角质层和黑色素细胞所在的皮肤层。

自由基：可导致胶原蛋白和 DNA 损伤的反应性分子。

保湿剂：保湿成分中的一类。它们可以抓住水分子以帮助肌肤保持水分。透明质酸和甘油是护肤品中常见的保湿剂。

角质形成细胞：表皮层的主要皮肤细胞。角质层中的角质形成细胞也被称为角质细胞。

物理去角质成分：可通过机械摩擦的物理作用去除死亡皮肤细胞的成分。

黑色素细胞：位于表皮层下部的一种细胞，负责产生黑色素。

矿物防晒剂：也被称为物理性防晒剂。只有两种物理性防晒剂：氧化锌和二氧化钛。推荐敏感皮肤的人使用，但它们会在皮肤上留下不受欢迎的白色痕迹。

封闭剂：保湿成分中的一类，保护皮肤免受外界影响。石蜡、乳木果油和蜂蜡是常见的封闭剂。

OTC：即非处方药。这类产品的功效需经 FDA 认证，标准也更加严格。防晒霜、祛痘产品和一些有特殊功效的护肤品是主要的 OTC 护肤产品（在中国，此类产品被定义为“特殊用途化妆品”。——译者注）。

多羟基酸：简称 PHA，是市场上在售的较新的一类化学去角质成分。它们被认为可替代 AHA 且更温和，但关于其疗效的数据较少。

类维生素 A：维生素 A 衍生物的总称，包括全反式维 A 酸、视黄醇、视黄醛和阿达帕林等。

SPF 值：表示 UVB 防护力。SPF30~50 是比较理想的防护区间，在这个区间内，产品可以在保护力和质地之间取得平衡。

角质层：表皮的最外层。这是你抵御外界环境的第一道防线。

表面活性剂：一种清洁成分，具有亲水的头部和亲油的尾部。这种结构使它们能够结合你脸上的污垢、灰尘，以及水。

TEWL：发音类似“兔”，是“经皮水分散失”的英文首字母缩写。可用于衡量皮肤是否健康：TEWL 值越高，表示皮肤屏障功能越差。

护肤成分“四巨头”：屡试不爽的活性成分，已被研究了数十年，并被证明对皮肤有多种长期好处。其中包括化学去角质成分、类维生素 A、维生素 C 和烟酰胺。在四大成分中挑选几种来搭配使用就是一个全面的抗衰老方案。

酪氨酸酶：黑色素细胞中的一种酶，决定了黑色素产生的速度。许多美白产品的起效原理就是抑制酪氨酸酶活性。

参考资料

1. Grinnell, Frederick. "Fibroblast biology in three-dimensional collagen matrices." *Trends in Cell Biology* 13, no. 5 (2003): 264-269.
2. Schikowski, Tamara, and Anke Hüls. "Air pollution and skin aging." *Current Environmental Health Reports* (2020): 1-7.
3. Gfatter, R., P. Hackl, and F. Braun. "Effects of soap and detergents on skin surface pH, stratum corneum hydration, and fat content in infants." *Dermatology* 195, no. 3 (1997): 258-262.
4. Koski, Nina, E. Henes, C. Jauquet, Katy Wisuri, S. Rapaka, and L. Tadlock. "Evaluation of a sonic brush, cleanser, and clay mask on deep pore cleansing and appearance of facial pores through a new image analysis software methodology." *Journal of the American Academy of Dermatology* 70, no. 5 (2014): AB16.
5. Lampe, Marilyn A., A. L. Burlingame, JoAnne Whitney, Mary L. Williams, Barbara E. Brown, Esther Roitman, and Peter M. Elias. "Human stratum corneum lipids: Characterization and regional variations." *Journal of Lipid Research* 24, no. 2 (1983): 120-130.
6. Wilhelm, Klaus-P., Marianne Brandt, and Howard I. Maibach. "13 Transepidermal Water Loss and Barrier Function of Aging Human Skin." *Bioengineering of the Skin: Water and the Stratum Corneum* (2004): 143. Abingdon, UK: CRC Press.
7. Rawlings, A. V., David A. Canestrari, and Brian Dobkowski. "Moisturizer technology versus clinical performance." *Dermatologic Therapy* 17 (2004): 49-56.
8. Kligman, Albert M. "Petrolatum is not comedogenic in rabbits or humans: A critical reappraisal of the rabbit ear assay and the concept of acne cosmetica." *Journal of the Society of Cosmetic Chemists* 47.1 (1996): 41-48.
9. Pedersen, L. K., and G. B. E. Jemec. "Plasticising effect of water and glycerin on human skin in vivo." *Journal of Dermatological Science* 19, no. 1 (1999): 48-52.
10. Pavicic, Tatjana, Gerd G. Gauglitz, Peter Lersch, Khadija Schwach-Abdellaoui, Birgitte Malle, Hans Christian Korting, and Mike Farwick. "Efficacy of cream-based novel formulations of hyaluronic acid of different molecular weights in anti-wrinkle treatment." *Journal of Drugs in Dermatology*: JDD 10, no. 9 (2011): 990-1000.
11. Schroeder, P., C. Calles, T. Benesova, F. Macaluso, and J. Krutmann. "Photoprotection beyond ultraviolet radiation–effective sun protection has to include protection against infrared A radiation-induced skin damage." *Skin Pharmacology and Physiology* 23, no. 1 (2010): 15-17.
12. Wilson, Brummitte Dale, Summer Moon, and Frank Armstrong. "Comprehensive review of ultraviolet radiation and the current status on sunscreens." *The Journal of Clinical and Aesthetic Dermatology* 5, no. 9 (2012): 18.
13. Adler, Brandon L., and Vincent A. DeLeo. "Sunscreen safety: A review of recent studies on humans and the environment." *Current Dermatology Reports* (2020): 1-9.
14. Matta, Murali K., Robbert Zusterzeel, Nageswara R. Pilli, Vikram Patel, Donna A. Volpe, Jeffry Florian, Luke Oh, et al. "Effect of sunscreen application under maximal use conditions on plasma concentration of sunscreen active ingredients: A randomized clinical trial." *Journal of the American Medical Association* 321, no. 21 (2019): 2082-2091.
15. Stamford, Nicholas PJ. "Stability, transdermal penetration, and cutaneous effects of ascorbic acid and its derivatives." *Journal of Cosmetic Dermatology* 11, no. 4 (2012): 310-317.
16. Bickers, David R., and Mohammad Athar. "Oxidative stress in the pathogenesis of skin disease." *Journal of Investigative Dermatology* 126, no. 12 (2006): 2565-2575.
17. Espinal-Perez, Liliana Elizabeth, Benjamin Moncada, and Juan Pablo Castanedo-Cazares. "A double-blind randomized trial of 5% ascorbic acid vs. 4% hydroquinone in melasma." *International Journal of Dermatology* 43, no. 8 (2004): 604-607.
18. Barnes, M. J. "Function of ascorbic acid in collagen metabolism." *Annals of the New York Academy of Sciences* 258, no. 1 (1975): 264-277.
19. Ali, Basma M., Amal A. El-Ashmawy, Gamal M. El-Maghraby, and Rania A. Khattab. "Assessment of clinical efficacy of different concentrations of topical ascorbic acid formulations in the treatment of melasma." *Journal of the Egyptian Women's Dermatologic Society* 11, no. 1 (2014): 36-44.
20. Pinnell, Sheldon R. "Cutaneous photodamage, oxidative stress, and topical antioxidant protection." *Journal of the American Academy of Dermatology* 48, no. 1 (2003): 1-22.
21. Tagami, Hachiro. "Functional characteristics of the stratum corneum in photoaged skin in comparison with those found in intrinsic aging." *Archives of Dermatological Research* 300, no. 1 (2008): 1-6.
22. Kornhauser, Andrija, Sergio G. Coelho, and Vincent J. Hearing. "Applications of hydroxy acids: Classification, mechanisms, and photoactivity." *Clinical, Cosmetic and Investigational Dermatology*: CCID 3 (2010): 135.
23. Bernstein, Eric F., Douglas B. Brown, Mark D. Schwartz, Kays Kaidbey, and Sergey M. Ksenzenko. "The polyhydroxy acid gluconolactone protects against ultraviolet radiation in an in vitro model of cutaneous photoaging." Dermatologic surgery 30, no. 2 (2004): 189-196.
24. DiNardo Joseph C., Gary L. Grove, and Lawrence S. Moy. "Clinical and histological effects of glycolic acid at different concentrations and pH levels." *Dermatologic Surgery* 22, no. 5 (1996): 421-424.

25. Stiller, Matthew J., John Bartolone, Robert Stern, Shondra Smith, Nikiforos Kollias, Robert Gillies, and Lynn A. Drake. "Topical 8% glycolic acid and 8% L-lactic acid creams for the treatment of photodamaged skin: A double-blind vehicle-controlled clinical trial." *Archives of Dermatology* 132, no. 6 (1996): 631-636.

26. Mekas, Maria, Jennifer Chwalek, Jennifer MacGregor, and Anne Chapas. "An evaluation of efficacy and tolerability of novel enzyme exfoliation versus glycolic acid in photodamage treatment." *Journal of Drugs in Dermatology:* JDD 14, no. 11 (2015): 1306-1319.

27. Draelos, Zoe Diana, Keith D. Ertel, and Cynthia A. Berge. "Facilitating facial retinization through barrier improvement." *Cutis*, no. 4 (2006): 275.

28. Draelos, Zoe Diana, Akira Matsubara, and Kenneth Smiles. "The effect of 2% niacinamide on facial sebum production." *Journal of Cosmetic and Laser Therapy* 8, no. 2 (2006): 96-101.

29. Hakozaki, T., L. Minwalla, J. Zhuang, M. Chhoa, A. Matsubara, K. Miyamoto, A. Greatens, G. G. Hillebrand, D. L. Bissett, and R. E. Boissy. "The effect of niacinamide on reducing cutaneous pigmentation and suppression of melanosome transfer." *British Journal of Dermatology* 147, no. 1 (2002): 20-31.

30. Camargo Jr. Flávio B., Lorena R. Gaspar, and Patricia MBG Maia Campos. "Skin moisturizing effects of panthenol-based formulations." *Journal of cosmetic science* 62, no. 4 (2011): 361.

31. Pinnock, Carole B., and Christopher P. Alderman. "The potential for teratogenicity of vitamin A and its congeners." *Medical journal of Australia* 157, no. 11 (1992): 804-809.

32. Kong, Rong, Yilei Cui, Gary J. Fisher, Xiaojuan Wang, Yinbei Chen, Louise M. Schneider, and Gopa Majmudar. "A comparative study of the effects of retinol and retinoic acid on histological, molecular, and clinical properties of human skin." *Journal of cosmetic dermatology* 15, no. 1 (2016): 49-57.

33. Mukherjee, Siddharth, Abhijit Date, Vandana Patravale, Hans Christian Korting, Alexander Roeder, and Günther Weindl. "Retinoids in the treatment of skin aging: An overview of clinical efficacy and safety." *Clinical Interventions on Aging* 1, no. 4 (2006): 327.

34. Fisher, Gary J., and John J. Voorhees. "Molecular mechanisms of retinoid actions in skin." *The FASEB Journal* 10, no. 9 (1996): 1002-1013.

35. Dhaliwal, S., I. Rybak, S. R. Ellis, M. Notay, M. Trivedi, W. Burney, A. R. Vaughn, et al. "Prospective, randomized, double blind assessment of topical bakuchiol and retinol for facial photoageing." *British Journal of Dermatology* 180, no. 2 (2019): 289-296.

36. Haftek, Marek, Sophie Mac Mary, Marie Aude Le Bitoux, Pierre Creidi, Sophie Seité, André Rougier, and Philippe Humbert. "Clinical, biometric and structural evaluation of the long term effects of a topical treatment with ascorbic acid and madecassoside in photoaged human skin." *Experimental Dermatology* 17, no. 11 (2008): 946-952.

37. Lee, J., H. Jun, E. Jung, J. Ha, and D. Park. "Whitening effect of bisabolol in Asian women subjects." *International Journal of Cosmetic Science* 32, no. 4 (2010): 299-303.

38. Beitner, Harry. "Randomized, placebo controlled, double blind study on the clinical efficacy of a cream containing 5% lipoic acid related to photoageing of facial skin." *British Journal of Dermatology* 149, no. 4 (2003): 841-849.

39. Knott, Anja, Volker Achterberg, Christoph Smuda, Heiko Mielke, Gabi Sperling, Katja Dunckelmann, Alexandra Vogelsang, et al. "Topical treatment with coenzyme Q 10-containing formulas improves skin's Q 10 level and provides antioxidative effects." *Biofactors* 41, no. 6 (2015): 383-390.

40. Tzung, Tien Yi, Kuan Hsing Wu, and Mei Lun Huang. "Blue light phototherapy in the treatment of acne." *Photodermatology, Photoimmunology & Photomedicine* 20, no. 5 (2004): 266-269.

41. Çetiner, Salih, Turna Ilknur, and Ebnem Özkan. "Phototoxic effects of topical azelaic acid, benzoyl peroxide and adapalene were not detected when applied immediately before UVB to normal skin." *European Journal of Dermatology* 14, no. 4 (2004): 235-237.

42. Zolghadri, Samaneh, Asieh Bahrami, Mahmud Tareq Hassan Khan, J. Munoz-Munoz, Francisco Garcia-Molina, F. Garcia-Canovas, and Ali Akbar Saboury. "A comprehensive review on tyrosinase inhibitors." *Journal of Enzyme Inhibition and Medicinal Chemistry* 34, no. 1 (2019): 279-309.

43. Ebrahimi, Bahareh, and Farahnaz Fatemi Naeini. "Topical tranexamic acid as a promising treatment for melasma." *Journal of Research in Medical Sciences* 19, no. 8 (2014): 753.

44. Uitto, Jouni. "The role of elastin and collagen in cutaneous aging: Intrinsic aging versus photoexposure." *Journal of Drugs in Dermatology*: JDD 7, no. 2 Suppl (2008): s12.

45. Ellis, Millikan, Smith, Chalker, Swinyer, Katz, Berger, et al. "Comparison of adapalene 0.1% solution and tretinoin 0.025% gel in the tropical treatment of acne vulgaris" *British Journal of Dermatology* 139, s52 (1998): 41–47.

46. Thiboutot, Diane M., Jonathan Weiss, Alicia Bucko, Lawrence Eichenfield, Terry Jones, Scott Clark, Yin Liu, Michael Graeber, and Sewon Kang. "Adapalene–benzoyl peroxide, a fixed-dose combination for the treatment of acne vulgaris: Results of a multicenter, randomized double-blind, controlled study." *Journal of the American Academy of Dermatology* 57, no.5 (1998): 791–799.

47. Williams, Hywel C. Robert P. Dellavalle, and Sarah Garner. 2012. "Acne vulgaris." *Lancet* 379, n. 9813 (2012) 361–372.

完整参考资料列表可访问：
www.chemistconfessions.com/skincare_decoded_references

护肤品成分众多，许多名称也很复杂（别怕，这些绕口的化学名并不会吃人），以下整理了一些护肤品常见成分中英文对照表（多数在本书中有提及），仅供参考。

护肤品常见成分中英文对照表

编号	英文名	中文名
1	3-o-ethyl Ascorbic Acid	3-o-乙基抗坏血酸醚
2	Adapalene	阿达帕林
3	Alcohol Denat. (SD Alcohol)	乙醇（非食用级）
4	Allantoin	尿囊素
5	Arbutin	熊果苷
6	Ascorbic Acid	维生素 C、抗坏血酸
7	Ascorbyl Glucoside	抗坏血酸葡糖苷
8	Ascorbyl Palmitate	抗坏血酸棕榈酸酯
9	Azelaic Acid	壬二酸
10	Bakuchiol	补骨脂酚
11	Bee Venom	蜂毒
12	Benzoyl Peroxide	过氧苯甲酰、过氧化（二）苯甲酰
13	Bezophenone-3	二苯酮-3
14	Bisabolol	红没药醇
15	Butyl Methoxydibenzoylmethane	阿伏苯宗（丁基甲氧基二苯甲酰基甲烷）
16	Caffeine	咖啡因
17	Camellia Sinensis (Green Tea Extract)	绿茶提取物
18	Centella Asiatica Extract	积雪草提取物

编号	英文名	中文名
19	Citric Acid	柠檬酸
20	Cocamidopropyl Betaine	椰油酰胺丙基甜菜碱
21	Collagen	胶原蛋白
22	Dipotassium Glycyrrhizinate	甘草酸二钾
23	Ellagic Acid	鞣花酸
24	Epidermal Growth Factor	表皮生长因子
25	Ethylhexyl Salicylate	水杨酸异辛酯
26	Ferulic Acid	阿魏酸
27	Galactomyces Ferment Filtrate(GFF)	半乳糖酵母样菌发酵产物滤液
28	Gluconolactone	葡糖酸内酯
29	Glycerin	甘油
30	Glycolic Acid	甘醇酸
31	Homosalate	胡莫柳酯
32	Hyaluronic Acid	透明质酸
33	Hydroxypinacolone Retinoate(HPR)	羟基频哪酮视黄酸酯
34	Isotretinoin	异维 A 酸
35	Kojic Acid	曲酸
36	Lactic Acid	乳酸
37	Lactobacillus Ferment	乳酸杆菌发酵产物
38	Lactobionic Acid	乳糖酸
39	Licorice Root Extract	甘草根提取物

编号	英文名	中文名
40	Lipoic Acid	硫辛酸
41	Magnesium Ascorbyl Phosphate	抗坏血酸磷酸酯镁
42	Mandelic Acid	杏仁酸
43	Manuka Honey	麦卢卡蜂蜜
44	Mineral Oil	矿物油
45	Niacinamide	烟酰胺
46	Octocryene	奥克立林、3- 二苯基丙烯酸异辛酯
47	Panthenol	泛醇
48	Petrolatum	凡士林油、矿脂
49	Propolis Extract	蜂胶提取物
50	Resorcinol	间苯二酚
51	Resveratrol	白藜芦醇
52	Retinal	维 A 醛、视黄醛
53	Retinoids	维 A 酸、维甲酸
54	Retinol	维 A 醇、视黄醇
55	Retinyl Palmitate	视黄醇棕榈酸酯
56	Rosehip Seed Oil	玫瑰果油
57	Salicylic Acid	水杨酸
58	Sea Buckthrorn Seed Oil	沙棘籽油
59	Shea Butter	乳木果油
60	Silybum Marianum Fruit Extract	水飞蓟果提取物

编号	英文名	中文名
61	Sodium Ascorbyl Phosphate	抗坏血酸磷酸酯钠
62	Sodium Hyaluronate	透明质酸钠
63	Sodium Hydroxide	氢氧化钠
64	Sodium Laureth Sulfate	月桂醇醚硫酸钠
65	Sodium Lauryl Sulfate	月桂硫酸酯钠、十二烷基硫酸钠
66	Squalane	角鲨烷
67	Superoxide Dismutase	超氧化物歧化酶
68	Tartaric Acid	酒石酸
69	Tazarotene	他扎罗汀
70	Tea Tree Oil	茶树油
71	Tetrahexyldecyl Ascorbate	四己基癸醇抗坏血酸酯
72	Titanium Dioxide	二氧化钛
73	Tocopherol	生育酚、维生素 E
74	Tranexamic Acid	氨甲环酸、传明酸
75	Tretinoin	全反式维甲酸
76	Turmeric Root Extract	姜黄根提取物
77	Ubiquinone (CoQ10)	泛醌、辅酶 Q10
78	Urea	尿素
79	Which Hazel Extract	金缕梅提取物
80	Willow Bark Extract	柳树皮提取物
81	Zinc Oxide	氧化锌

图片版权声明

本书中所有的实景照片 © 本 · 霍特（Ben Hoedt）。

本书中所有手绘插图 © 傅欣慧（Victoria Fu），以下部分除外：所有的装饰性绘画，以及第 004 ~ 009、013、024、038 ~ 041、062、065 ~ 067、074、077、098、112、114、120、128、136、186、211 页的手绘插图 © 亚当 · 雷蒂（Adam Raiti）。

本书中的作者手绘头像 © 洛林 · 拉斯（Lorraine Rath）。

本书中的小图标感谢 Shutterstock 网站授权使用。

致谢

我们原以为“化学家的告白”会是一场过山车式的冒险之旅，但从没想到这场冒险会把我们带到这里——一本真正的书。我们要感谢所有帮助我们实现这一目标的人。感谢你们修正我们的错误，为我们加油鼓劲，并在堆积如山的项目档案中为我们进行核对。**非常感谢。**

加油站：妈妈、爸爸、丽莎、凯丝、瑞安、克里斯。

整体校对：亚当、艾丽卡、艾琳、罗西、西莉亚。

宠物治疗师：库玛、哈娜、雷卡林、波伊、梅西、罗西。